GREIFVÖGEL & EULEN

Bildnachweis

Dr. Roland Knauer: Seite 15, 33, 53, 136, 165, 166 (beide), 183, 196

Alle übrigen Abbildungen von OKAPIA KG, Frankfurt am Main

Autoren

Kerstin Viering, Dr. Roland Knauer

Inhalt

Einführung

Aus dem Dunkel der Jahrmillionen

Plötzlich setzt der Fischadler zum Sturzflug an, unterbricht seinen Angriff noch einmal, steht mit rüttelnden Flügeln kurz in der Luft und lässt sicht dann mit vorgestreckten Füßen und weit geöffneten Krallen wie ein Stein ins Wasser des großen Küstrinsees fallen. Wenige Augenblicke später taucht der Vogel wieder auf. Mühsam flattert er von der Wasseroberfläche hoch und sackt jedes Mal ein paar Meter ab, wenn der Fisch in seinen Klauen zappelt. Im Nordosten Deutschlands sind solche Jagdszenen eine der großen Attraktionen für Kanufahrer. In keiner anderen Gegend Mitteleuropas leben Fischadler dichter nebeneinander als im Naturpark Uckermärkische Seen rund 80 Kilometer nördlich von Berlin.

Das ist eine gute Gelegenheit, einen typischen „Greifvogel" zu beobachten. Kräftige Greiffüße mit Krallen, ein ebenso kräftiger Schnabel mit einem Haken an der Spitze, scharfe Augen und ein eleganter Flug sind typisch für diese Tiere, die auch Laien sofort erkennen. Für Evolutionsforscher aber sagen diese Gemeinsamkeiten noch wenig über die tatsächlichen Verwandtschaftsverhältnisse zwischen den einzelnen Arten. Theoretisch könnte vor Millionen von Jahren ein Ur-Greifvogel gelebt haben, der all diese typischen Merkmale schon hatte. Dessen Nachkommen könnten dann verschiedene Lebensstile und Anpassungen entwickelt haben, sodass Mäusejäger wie der Mäusebussard und Fischfangspezialisten wie der Fischadler entstanden. Es könnte aber auch sein, dass sich Arten aus völlig verschiedenen Vogelgruppen auf die Jagd spezialisiert haben. Die hätten dann unabhängig voneinander die typischen Eigenschaften entwickelt, die man zum Greifen von Beute braucht.

Verlorenes Erbe

Welcher dieser beiden Wege aber zu den heute lebenden Greifvögeln geführt hat, können Vogelforscher wie Gerald Mayr vom Forschungsinstitut Senckenberg in Frankfurt am Main noch nicht sagen. Dazu müssten sie nämlich wissen, welche Arten im Laufe der Jahrmillionen entstanden und wieder verschwunden sind. Von den Tieren längst vergangener Zeiten aber bleiben normalerweise nur Knochen und andere sehr harte Körperteile wie die Zähne von Säugetieren oder die Klauen von Vögeln übrig. Eingebettet in Gesteinsschichten, die kurz nach dem Tod des Tieres entstanden, überstehen manchmal auch die relativ leichten und fragilen Vogelknochen die Jahrmillionen. Beim Bergen solcher Fossilien aber haben Forscher früher Methoden verwendet, die gerade die zerbrechlichen Vogelüberreste zerstörten. Daher gibt es in den Museen deutlich weniger Fossilien von Vögeln als von Dinosauriern oder Säugetieren. Heute können Wissenschaftler zwar viel schonender präparieren, die Funde der Vergangenheit aber bleiben verloren.

Um die Verwandtschaftsverhältnisse zu bestimmen, müssten die Forscher diese seltenen Vogelfossilien mit den Skeletten noch heute lebender Vögel vergleichen. Aber auch diese sind Mangelware: Viel häufiger als Säugetiere oder Reptilien haben Vögel ein farbenfrohes Äußeres. Bekam ein Museum früher ein solches totes Tier, richtete der Präparator dann lieber den schönen Balg mit den dekorativen Federn her, um den Besuchern einen realistisch aussehenden Vogel zu präsentieren. Das Skelett aber wurde dabei meist zerstört oder landete unbeachtet im Museumskeller. Und so haben die Vogelkundler oft nicht einmal modernes Material, das sie mit den Fossilien der Vergangenheit vergleichen könnten.

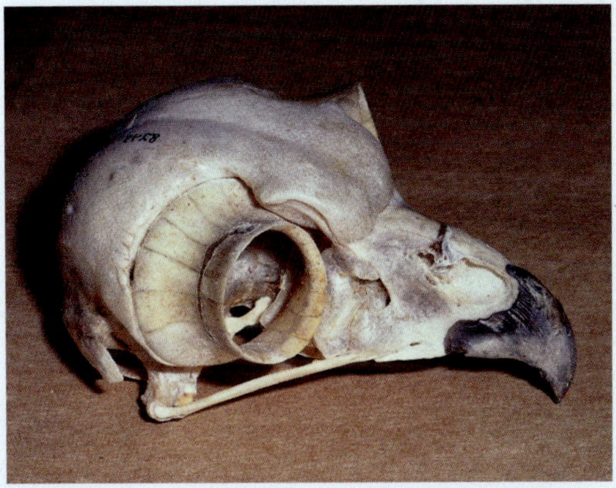

Die Analyse der wenigen vorhandenen Fossilien liefert unter so schwierigen Umständen nur ein sehr unvollständiges Bild von der Entwicklung der Greifvögel und Eulen. Erst wenn Molekularbiologen die Unterschiede zwischen dem Erbgut verschiedener heute lebender Arten vergleichen, können sie die Verwandtschaftsverhältnisse ein wenig besser aufklären. Aber auch solche Analysen liefern oft genug keine klaren Daten und der Stammbaum der Greifvögel bleibt an vielen Stellen im Dunkeln.

Ahnenforschung

Mit die ältesten Fossilien gibt es von den Eulen, die vor rund 60 Millionen Jahren in Nordamerika und Europa lebten. Damals sahen die Tiere allerdings noch ganz anders aus als ihre heutigen Verwandten. Später tauchten zunächst Arten auf, die den heutigen Schleiereulen ähnelten. Vor rund 30 Millionen Jahren lebten dann auch moderne Formen, von denen eine zum Beispiel an einen Uhu erinnert. Vor 10 bis 20 Millionen Jahren gab es schließlich auch Käuze und Zwergohreulen. Besonders spektakuläre Reste blieben von einer Eule übrig, die vor einer Million Jahren auf Kuba lebte und die mit einem Meter Länge zwischen Füßen und Kopf ihre heutige Verwandtschaft zu wahren Zwergen degradierte. Trotz dieser relativ vielen Fossilien liefert die Molekularbiologie zu den Eulen bisher widersprüchliche Ergebnisse. Auch bleiben die Verwandtschaftsverhältnisse zu den anderen Greifvögeln weitgehend unklar. Ähnlich unübersichtlich ist die Datenlage bei der Gruppe der Falkenartigen, von der obendrein kaum Fossilien erhalten blieben. Nach den schütteren bisherigen Ergebnissen entstanden die Falken vor etwa 15 bis 20 Millionen Jahren im heutigen Südamerika.

Ein wenig besser sieht es bei den anderen vier Gruppen der Greifvögel aus, zumindest grob scheint die Verwandtschaft von Neuweltgeiern, Habichtartigen, Fischadlern und Sekretären geklärt. Ihre Wurzeln könnten irgendwo in Zentralasien liegen. Dort gibt es schon seit Jahrmillionen offene, trockene Landschaften mit zahlreichen kleinen Nagetieren als ideale Greifvogelbeute. Deshalb vermuten einige Vogelexperten wie der Senckenberg-Forscher Gerald Mayr, dass dort die Wiege der Greifvögel gestanden haben könnte.

Relativ früh scheinen dann die Geier von Nord- und Südamerika ihren eigenen Weg eingeschlagen zu haben. Und der führte unter anderem zu einer *Argentavis magnificens* genannten Art, die vor fünf bis acht Millionen Jahren über der weiten Graslandschaft Argentiniens am Ostabhang der Anden schwebte. Dieser Geier aber sprengt alle Maße der heute fliegenden Vögel. Während ein Albatros mit maximal 3,24 Metern zwischen den beiden Flügelspitzen bereits eine Spannweite hat, die der Länge eines Kleinwagens entspricht, vermuten Paläontologen gut sieben Meter und damit Kleinlasterlänge zwischen den Spitzen der Flügel dieses Riesengeiers. Auf dem Boden stehend wäre sein Kopf mit rund 1,5 Metern nahezu in Augenhöhe eines Menschen gewesen. Allein der Schnabel hatte mit 28 Zentimetern Unterarmlänge. Da nie ein vollständiges Skelett gefunden wurde, können Forscher das Gewicht von *Argentavis magnificens* nur schätzen und kommen dabei auf etwa 70 Kilogramm. Vermutlich konnte sich ein solches Riesentier nur mit einigem Anlauf einen Hang hinunter in die Luft erheben und segelte dann auf der Suche nach Aas im stetigen Westwind vor den Anden über das Grasland.

Aus anderen Greifvögeln entstanden schließlich die drei übrigen noch heute lebenden Gruppen der fliegenden Jäger. Die ersten Vertreter der Habichtartigen waren vor gut 30 Millionen Jahren in Nordamerika und Europa unterwegs, der älteste Fund ist 34 Millionen Jahre alt. Bis heute fliegen zahlreiche Arten dieser Vögel über die verschiedensten Landschaften der Erde, die Palette reicht von Adlern und Altweltgeiern bis zu Bussarden und Milanen. Von den Sekretären, die vor 30 bis 35 Millionen Jahren in Europa und Afrika lebten, ist dagegen nur eine einzige afrikanische Art übrig geblieben. Und auch die ähnlich alten Fischadler, die zu dieser Zeit bereits das heutige Ägypten und Europa besiedelt hatten, konnten nur einen einzigen ihrer Vertreter in die moderne Zeit retten.

Der Zweck heiligt die Mittel

Selbst längst ausgestorbene Arten der fliegenden Jäger aber kann man meist problemlos als solche erkennen. Die breite Brust und der kräftige, meist gedrungen wirkende Körper eines typischen Greifvogels verraten die Kraft, die für den Jagderfolg oder das Aufreißen von Aas wichtig ist. Auf dem oft stämmigen Hals sitzt ein relativ großer Kopf, aus dem ein sehr charakteristischer Schnabel ragt. Der obere Teil dieses Beißwerkzeugs ist immer länger als der untere, seine vordere Spitze biegt sich als gefährlicher Haken nach unten. Damit lässt sich nicht nur die Beute verletzen oder töten. Diese Schnabelform ist gleichzeitig eine hervorragende Zange, mit der ein Greifvogel die Beute packt und so große Stücke aus ihr herausreißt, die er auch schlucken kann.

Scharfe Zangen und nackte Tatsachen

Genau wie die Zangen im Werkzeugkasten eines Handwerkers je nach Verwendungszweck unterschiedlich aussehen, haben auch Greifvögel verschiedene Schnabelformen. Seeadler, Steinadler und etliche Geier ernähren sich oft von relativ großem Aas oder schlagen kräftige Beutetiere. Um diese Beute in schlundgerechte Stücke zu zerlegen, haben diese Vögel mächtige Schnäbel, mit denen sie problemlos ein Loch in ein Rentier oder eine Gämse reißen können.

Fängt ein Falke oder ein Habicht dagegen einen Vogel im Flug, muss er sehr wendig sein. Ein großer, schwerer Schnabel wäre da äußerst hinderlich. Diese Tiere haben daher zwar typische Greifvogelschnäbel, die aber eher grazil wirken. Die Kanten des Beißwerkzeugs sind so messerscharf, dass sich Fleisch damit leicht abtrennen lässt. Zusätzlich haben Falken noch einen Zacken im Oberschnabel, der die Schneidewirkung kräftig verstärkt. Beißt der Vogel mit einem solchen „Falkenzahn" in den Nacken oder den Hinterschädel der Beute, tötet er das Opfer meist rasch.
Einige Geier haben sich mit einer weiteren, sehr auffälligen Besonderheit an ihre spezielle Ernährung angepasst. Um an die Innereien eines Kadavers heranzukommen, stecken sie ihren Kopf weit in die Leibeshöhle hinein und beschmieren sich dabei mit Blut und anderen Körperflüssigkeiten. Da diese nach der Mahlzeit gefährliche Parasiten anlocken könnten, haben diese Geier nur kleine, steife Borsten oder gar keine Federn an Kopf und Hals. An dieser glatten Oberfläche bleiben Blut und andere Flüssigkeiten viel schlechter hängen und die Infektionsgefahr verringert sich erheblich. Experten sehen bereits am Fehlen des Federkleides, wie tief der Geier seinen Kopf normalerweise in das Aas hineinsteckt: Der Schmutzgeier Spaniens hat nur am Kopf keine Federn und frisst daher vor allem an der Oberfläche. Der Weißrückengeier Afrikas dagegen holt sich gern die Eingeweide aus dem Bauch großer Huftiere und hat daher am gesamten Hals die Federn eingespart.
Der nackte Hals manches Geiers aber hat noch einen weiteren Vorteil: Wenn in den Savannen Sambias und Tansanias am Ende der Trockenzeit die Temperaturen

auf unerträgliche 35 °C und mehr steigen, kann der Vogel über seinen nackten Hals ungehindert durch isolierende Federn Körperhitze abgeben. In den empfindlich kühlen Juninächten dagegen steckt der Weißrückengeier Kopf und Hals einfach in die Federn am Rest seines Körpers und hält sich so warm.

Adlerblick

Die meisten Vögel haben ohnehin scharfe Augen, Greifvögel aber sehen in der Regel noch einmal erheblich besser. Mit ihrem sprichwörtlichen Adlerblick müssen sie schließlich Beute aus weiter Entfernung fixieren oder Aas aus großer Höhe entdecken. Die Augen eines Falken sind so scharf, dass er oft bereits die Jagd auf eine Beute beginnt, die ein in der Nähe stehender Mensch nur mit einem guten Fernglas gerade noch entdecken kann.

Vermutlich haben einige Greifvögel die biologisch-technischen Möglichkeiten der Augen von Wirbeltieren weitgehend ausgereizt. Auf der Netzhaut eines Mäusebussards befinden sich zum Beispiel acht Sehzellen auf der gleichen Fläche, auf der beim Menschen eine einzige Sehzelle sitzt. Mit einem solchen Scharfblick können Geier dann auch aus mehreren Kilometern Höhe kleinere Kadaver wie ein totes Murmeltier entdecken.

Genau wie ein Mensch überlagert auch ein Greifvogel zumindest in einem gewissen Bereich die Bilder beider Augen zu einem dreidimensionalen Bild und kann so Entfernungen und Geschwindigkeiten viel besser einschätzen. Da die Augen aber seitlich am Kopf sitzen, ist der tote Winkel ohne Sicht hinter dem Kopf viel kleiner. Die meisten Arten sehen daher ungefähr 90 Prozent ihrer Umgebung, auch wenn sie ihren Kopf keinen Millimeter drehen. Während das Auge eines Menschen nur eine Stelle auf der Netzhaut hat, an der scharfe Bilder entstehen, hat das Auge eines Greifvogels zwei solcher Netzhautgruben. Die vordere dieser Gruben setzt das Tier vor allem beim Stereosehen ein, die hintere dagegen beim Monosehen.

Sind die scharfen Augen der Greifvögel normalerweise ohnehin bereits relativ groß, übertreffen die Sehorgane der Eulen diese Dimensionen noch einmal deutlich. Denn da diese meist in der Dämmerung und in der Nacht jagen, müssen sie das wenige Restlicht mit einer möglichst großen Fläche einfangen. Erwartungsgemäß gibt es auf der Netzhaut einer Eule viel mehr Sehzellen als beim Menschen. Allerdings sind die Stäbchen für das Hell-dunkel-Sehen stark überrepräsentiert, Farben sehen Eulen daher nicht sehr gut. Auch das ist eine Anpassung an ein Leben im Dämmerlicht, in dem Farben ohnehin verblassen. Bei Mondschein oder Sternenhimmel sieht eine Eule drei bis zehn Mal besser als ein Mensch. Anders als bei Säugetieren ist das Auge einer Eule fest mit der Augenhöhle verbunden. Will der Vogel daher in eine andere Richtung schauen, muss er den Kopf drehen. Aus diesem Grund ist dieser viel beweglicher als bei anderen Tieren, eine Drehung um 270 Grad oder drei Viertel eines Kreises ist für einen Eulenkopf überhaupt kein Problem. Eines aber können Eulen trotz aller biologischen Raffinessen nicht: Bei völliger Dunkelheit sehen sie genauso viel wie ein Mensch, nämlich gar nichts.

Lange Ohren

In stockdunkler Nacht verlassen Eulen sich auf ihr ausgezeichnetes Gehör. Anders als bei Säugetieren haben die nächtlichen Jäger allerdings keine Ohren, sondern Schlitze als Ohröffnungen, die fast so lang wie der Kopf sind. Wie bei den meisten anderen Vögeln auch verdecken Federn diese Schlitze. Bei den Eulen bilden diese Federn um die Ohren eine Art Trichter, der den Schall bündelt und damit verstärkt. Mit einem solchen „Gesichtsschleier" ist das Eulengehör fünf bis zehn Mal empfindlicher als das menschliche. Selbst bei 10 000 Hertz und damit sehr hohen Tönen hören die Nachtjäger noch hervorragend. Das ist genau der Bereich, in dem Mäuse quieken und beim Laufen durch Laub rascheln. Bei allen Eulen liegt obendrein der rechte Hörschlitz höher am Kopf als der linke. So können die Vögel ähnlich gut dreidimensional hören wie

Menschen dreidimensional sehen. Mit diesen Anpassungen können zum Beispiel Schleieulen auch in stockdunkler Nacht auf den Millimeter genau zupacken und erwischen so jede Maus zuverlässig.

Neben den Ohrschlitzen haben einige Eulenarten wie die Waldohreule oder der Uhu sogenannte „Federohren". Diese sehen echten Ohren zwar verblüffend ähnlich, sind aber Federn, die mit dem Hören nichts zu tun haben. Über die tatsächliche Funktion der Federohren rätseln Eulenforscher noch immer. Viele Wissenschaftler vermuten allerdings, dass sie in bestimmten Situationen wie beim Balzen dem Gegenüber die Stimmung mitteilen.

Anders als bei Eulen haben Forscher die Hörleistungen anderer Greifvögel bisher kaum untersucht. Sie nehmen aber an, dass die meisten von ihnen ausgezeichnet hören. So orten Weihen das Rascheln von Mäusen in der Vegetation beim tiefen Suchflug vermutlich mit dem Gehör. Auch der Waldfalke Südamerikas hat so große Ohröffnungen, dass er vermutlich ebenso empfindlich wie viele Eulen hört. Schließlich muss er genau wie diese bei widrigen Lichtverhältnissen im Dämmerlicht des Regenwaldes jagen.

Lautlos durch die Luft

Das beste Gehör bringt dem Dämmerlichtjäger allerdings wenig, wenn er gleichzeitig so laut mit den Flügeln schlägt, dass jede Maus im Umkreis panisch davonstiebt. Deshalb fliegen Eulen praktisch lautlos. Kaum ein Nagetier, das in den Fängen eines solchen Vogels landet, hat das Verhängnis vorher kommen hören.

Die Geheimnisse der leisen Schwingen untersuchen Ennes Sarradj und seine Kollegen von der Brandenburgischen Technischen Universität (BTU) Cottbus nicht ganz uneigennützig. Von den Eulen wollen sie lernen, wie man leisere Ventilatoren oder Flugzeuge konstruieren kann.

„Lautloses Fliegen ist für diese Tiere lebenswichtig", sagt Ennes Sarradj. Denn während sich tagaktive Greifvögel bei der Suche nach Beute auf ihre guten Augen verlassen können, müssen die nächtlichen Jäger ihrem Gehör vertrauen. Da dürfen sie nicht zu viel Lärm machen, um das leise Rascheln möglicher Opfer nicht zu übertönen. Außerdem sind Eulen im Gegensatz zu vielen anderen Greifvögeln nicht besonders schnell. Eine Schleiereule bringt es gerade einmal auf Geschwindigkeiten von sechs bis acht Stundenkilometern. Da kann nur ein lautloser Überraschungsangriff erfolgreich sein.

Ein paar Tricks der leisen Flieger sind bereits bekannt. So flattert an den Hinterkanten ihrer Flügel ein Fransensaum, der große Luftwirbel in viele kleinere zerteilt. Die aber machen deutlich weniger Lärm. „Dieses Prinzip wird in der Technik schon angewendet", sagt Ennes Sarradj. So gibt es bereits Ventilatorflügel mit ausgefransten Hinterkanten und auch für Flugzeugtriebwerke sind schon entsprechende Patente angemeldet.

Die Cottbuser Wissenschaftler aber interessiert vor allem der bisher kaum erforschte feine Flaum, der die Eulenflügel bedeckt. Welche Vorteile hat so ein flauschiges Federkleid gegenüber den glatteren Schwingen anderer Vögel? Um das herauszufinden, haben die Forscher zunächst verschiedene präparierte Vögel im Labor untersucht. Sie haben einen sanften Lufthauch durch die jeweiligen Flügel geschickt und gemessen, wie viel Widerstand die Federn dem entgegensetzen. Das Gefieder von Eulen ist demnach deutlich luftdurchlässiger als das der zum Vergleich getesteten Tauben und Bussarde. Eines der Geheimnisse der lärmreduzierten Eulenflügel scheint also in ihrer porösen Struktur zu liegen.

„Solche luftdurchlässigen Materialien kann man natürlich auch technisch herstellen“, sagt Ennes Sarradj. So werden in der Industrie schon heute allerlei Schäume aus Kunststoff, Metall und Keramik verwendet. Aus diesem reichhaltigen Angebot haben die Cottbuser Physiker solche Werkstoffe ausgesucht, deren Luftdurchlässigkeit der des Eulengefieders ähnelt. Daraus haben sie Flügel hergestellt, die in der Form allerdings mehr an Flugzeugtragflächen als an Vogelschwingen erinnern. Im Windkanal haben sich diese porösen Kunstflügel schon bewährt. Im Vergleich zu einem genauso geformten Exemplar aus luftundurchlässigem Material sind die Geräusche um bis zu acht Dezibel leiser. „Das kann sich durchaus sehen lassen, denn der Lärm hat sich damit etwa halbiert“, sagt Ennes Sarradj. In einem Punkt macht sich Ennes Sarradj allerdings keine Illusionen: „Die perfekte Lautlosigkeit einer echten Eule wird wohl kein technisches Gerät je erreichen.“

Segler und Sturzflieger

Auch die tagaktiven Greifvögel haben ihre Flügel an unterschiedliche Herausforderungen angepasst. Da gibt es Segelflieger wie die Adler und Geier, die auf breiten Schwingen eher gemächlich gleiten und nur wenig Energie in ihre seltenen Flügelschläge stecken. Die breite Fläche gibt mehr Auftrieb, ein kräftiger, fächerförmiger Schwanz unterstützt diesen Effekt oft noch. Andere Greifvögel wie der Wanderfalke verlassen sich dagegen auf einen blitzschnellen Stoßflug, um Beute zu fangen. Für diesen Zweck sind lange und spitze Flügel ideal.

Die Flügelform ist aber nicht allein entscheidend für das Flugtalent der Tiere. Jeweils neun bis elf Schwungfedern hat ein Adler oder ein Geier an den Fingern und der Mittelhand seiner Flügel. Die Spitzen dieser Federn ragen oft wie einzelne Finger aus dem äußeren Ende der Schwinge. Kerben in diesen Schwungfedern lassen einen Teil der Feder ähnlich wie die Klappen einer Flugzeugtragfläche nach unten schwingen. So verändert der Vogel die Luftströmung an seinen Federn und kann damit die Flugeigenschaften sehr fein regulieren. Da sich jede Feder einzeln bewegen lässt und wie eine kleine Tragfläche wirkt, kann ein Adler viel präziser manövrieren als jedes Flugzeug.

Innerhalb der Handschwungfedern setzen an der Elle des Armes die Armschwungfedern an, die ebenfalls für Auftrieb sorgen. Je besser ein Greifvogel durch die Luft gleitet, umso mehr Armschwungfedern sollte er haben, lautet eine Faustregel. Ein Mäusebussard hat zum Beispiel an jeder Schwinge nur zehn davon, während am langen Flügel eines Geiers bis zu 25 Armschwungfedern sitzen, mit deren Hilfe er stundenlang ohne einen einzigen Flügelschlag segeln kann.

Gefährliche Krallen

Ähnlich wie die Flügel sind auch die Füße der Greifvögel hoch spezialisierte Werkzeuge. Da viele Arten damit Beute fangen und töten, werden diese auch „Fänge" genannt. Je nach Art der bevorzugten Opfer sind diese Jagdwaffen unterschiedlich geformt. Mit kurzen und kräftigen Krallen hält zum Beispiel ein Schlangenadler ein sich windendes Reptil besonders gut. Greift ein Habicht dagegen Vögel in der Luft, klappt das mit langen und schlanken Fängen viel besser. Falls die Beute nicht bereits durch den Zusammenstoß stirbt, erledigen die nadelspitzen Krallen des Greifvogels den Rest. Normalerweise genügt bereits ein Blick auf die Fänge, um die bevorzugte Jagdmethode der jeweiligen Art zu beschreiben. Kurze Beine mit kurzen, aber kräftigen Fängen deuten auf das Schlagen von Beute aus der Luft am Boden hin. Erwischen Jäger wie der Sekretär in Afrika oder der Schelladler und der Schreiadler in Europa ihre Beute dagegen laufend am Boden, sind die Beine normalerweise länger. Lange Beine mit langen Fängen und nadelspitzen Krallen sind typisch für einen Vogel, der seine Beute im Luftkampf erlegt. Der Fischadler wiederum hält

seine schlüpfrige und sich heftig windende Beute mit einer Zehe, die er nach vorn und hinten drehen kann. Raue Schuppen an der Unterseite der Zehen unterstützen dieses Festhalten noch zusätzlich.
Auch Eulen haben eine solche „Wendezehe“, mit der sie ihre Beute gut festhalten können. Getötet wird das Opfer dann mit einem Biss in den Nacken. Auch die „Warzen“ oder „Papillen“ an den Innenseiten der Zehen verbessern den Halt, wenn eine Eule einmal zugepackt hat. Ganz anders und viel harmloser sehen dagegen die Fänge der meisten Geier aus, deren Krallen nicht hakenartig gekrümmt sondern eher gerade sind. Diese Vögel benötigen schließlich keine Tötungswerkzeuge, weil sie typische Aasfresser sind.

Langschläfer und Fernreisende

Viele Geier, Adler oder auch der Mäusebussard scheinen ausgesprochene Morgenmuffel zu sein. Diese Tiere haben allerdings einen guten Grund, den großen Teil des Vormittags zu verschlafen und erst gegen Mittag am Himmel aufzutauchen. Normalerweise sind nämlich vor allem die guten Segelflieger Spätaufsteher. Deren Brustmuskeln aber sind zu schwach, um sie zügig in die Höhe zu tragen. Daher warten Geier und Adler normalerweise auf eine günstige Gelegenheit und lassen sich von Aufwinden in die Höhe tragen. Diese Thermik entsteht aber erst am späten Vormittag, wenn die Sonne den Boden bereits eine Zeit lang aufwärmen konnte.

Solche Aufwinde nutzen die Vögel aber nicht nur für ihre täglichen Jagdausflüge. Vor allem in nördlichen Breiten findet ein typischer Segelflieger wie der Mäusebussard im Winter einfach nicht mehr genug kleine Nagetiere, weil diese meist unter einer dicken Schneedecke verborgen sind. Die skandinavischen Mäusebussarde sind daher meist Zugvögel, die sich an einem sonnigen Spätvormittag zwischen August und Oktober von einem kräftigen Aufwind in weiten Spiralen ohne einen einzigen Flügelschlag in die Höhe tragen lassen. Lässt weit oben der Aufwind nach, gehen sie in einen Gleitflug über, bei dem sie nur langsam an Höhe verlieren. Zielsicher steuern sie ein Tal oder einen Hang an und lassen sich dort von einer weiteren Thermik wieder nach oben tragen. Auf diese Weise gleiten die Bussarde von Aufwind zu Aufwind und legen energiesparend oft Hunderte von Kilometern zurück.

Weil Wasser sich aber viel langsamer aufwärmt als Land und vor allem als nackter Fels, entsteht eine Thermik viel eher über Land als über dem Meer. Aus diesem Grund vermeiden die ziehenden Bussarde lange Passagen über Wasser und überqueren Meere wo immer möglich an Engstellen. Im äußersten Süden von

Schweden zählen Vogelforscher daher über der Halbinsel Falsterbo jedes Jahr zwischen 10 000 und 13 000 Mäusebussarde auf dem Weg nach Deutschland oder Frankreich. Dort heizt die Sonne ein Riff und den davor liegenden Sandstrand kräftig auf. Die Greifvögel lassen sich von den dort entstehenden Aufwinden in Höhen tragen, von denen sie bequem zur dänischen Insel Seeland gleiten können, über der sie bereits die nächste Thermik erwartet. Weiter im Süden nutzen Gleitflieger dann die bekannten Meerengen wie die Straße von Gibraltar und den Bosporus in der Türkei, um von Europa nach Afrika und in den Nahen Osten zu reisen. Weitzieher wie der Schreiadler legen auf ihrem Zug oft jeden Tag um die 200 Kilometer zurück, bei anderen Gleitfliegern wie dem Adlerbussard vermuten Wissenschaftler sogar einzelne Tagesetappen von weit mehr als 500 Kilometern.

Über den Zug der aktiven Flieger unter den Greifvögeln ist dagegen viel weniger bekannt. So verlassen die Wanderfalken im Winter ebenfalls meist das schneereiche Skandinavien in Richtung

Süden und fliegen so seiner Hauptbeute, den kleinen Vögeln nach. Da sie dabei fast immer aktiv fliegen, statt zu gleiten, benötigen sie aber keine Aufwinde und scheuen daher auch nicht vor dem Überqueren breiter Meeresarme zurück. Das aber macht es viel schwieriger, ihre Zugroute zu verfolgen.

Familienleben

Kehren die Zugvögel im Frühjahr in ihre Heimat zurück, beginnt meist bald das Familienleben mit Balz, Brut und Aufzucht des Nachwuchses. Gerade für solche sozialen Beziehungen interessieren sich Vogelforscher sehr – und erleben dabei immer wieder Überraschungen.

Zwangsadoption

Berliner Turmfalken zum Beispiel boten im Sommer 2006 ein Schauspiel, von dem bis dahin kein Experte gehört hatte. Die Geschichte begann mit einer ungewöhnlichen Nachbarschaft. Ein Turmfalkenpaar war in einen Nistkasten eingezogen, den Mitarbeiter der Berliner Arbeitsgruppe Greifvogelschutz an einem alten Wasserturm angebracht hatten. Einen benachbarten Kasten aber nahm Anfang Mai ein Wanderfalkenpaar in Beschlag. Die deutlich größeren Vögel konnten sich gerade so in das kleine Domizil hineinquetschen. Trotzdem legte das Weibchen drei Eier, aus denen immerhin ein Junges schlüpfte.

Wie aber würde die ungewöhnliche Nachbarschaft auf Dauer funktionieren? Immerhin betrachten Wanderfalken die kleineren Greifvögel mitunter durchaus als Beute. „Ein erwachsener Turmfalke ist für sie zwar nur schwer zu fangen", sagt die Ornithologin Sonja Kübler vom Berliner Museum für Naturkunde. „Aber ein Jungtier können sie sehr leicht erwischen." Das Wanderfalkenweibchen entwickelte allerdings ein ganz anderes Interesse an dem fremden Nachwuchs. Eines Tages saß es im Nistkasten der Turmfalken und hatte die Brut adoptiert. Die Turmfalkeneltern waren verschwunden.

Über die Motive der Ersatzmutter können die Forscher nur spekulieren. Möglicherweise haben die jungen Turmfalken einfach zu laut gebettelt. Das piepsende Geschrei löst bei Vogeleltern das Bedürfnis aus, sich um den Nachwuchs zu kümmern und die aufgesperrten Schnäbel zu füttern. Vielleicht ist dieser Brutpflegeinstinkt bei dem Weibchen übermächtig geworden und hat sich auf die falsche Art gerichtet. „Fünf kleine Turmfalken machen eben mehr Krach, als ein Wanderfalkenjunges", sagt Sonja Kübler. Warum das Männchen diesem Lockruf nicht gefolgt ist, weiß allerdings niemand. Jedenfalls kümmerte sich die Adoptivmutter mit großem Eifer um ihre neuen Schützlinge und zeigte kein Interesse mehr an ihrem Partner oder dem eigenen Sohn. Sie brachte immerhin drei der fünf kleinen Turmfalken durch, die schließlich am 8. Juli das Nest verließen. Einen davon fanden die Forscher allerdings zehn Tage später tot und ohne Kopf. „Möglicherweise hat ihn das Wanderfalkenmännchen getötet", meint Sonja Kübler. Vielleicht war es aber auch ein Habicht.

Schwule Geier

Auch andere Greifvögel überraschen mitunter mit einem ungewöhnlichen Familienleben. So können selbst Spezialisten wie Hans Frey von der Universität Wien die beiden Geschlechter bei jungen Bartgeiern nur schwer unterscheiden. Da kann es schon einmal passieren, dass der Forscher während eines großen Nachzuchtprojektes der in Mitteleuropa seit Jahrhunderten ausgerotteten Vögel versehentlich zwei Partner gleichen Geschlechts in einen Käfig sperrt. Normalerweise sind die Tiere sehr pingelig bei der Auswahl ihres Gefährten, mit dem sie bis zu 40 Jahre verbringen werden. In der Notlage des Käfigs aber akzeptieren sie auch einmal einen gleichgeschlechtlichen Partner. Einer der beiden schlüpft dann in die Rolle des anderen Geschlechts.

Ein untergeschobenes Ei brüten solche Homo-Paare ähnlich erfolgreich aus wie Teams aus Männchen und Weibchen, auch um den Junggeier kümmern sie sich genauso intensiv. Für die Artenschützer ist das praktisch, weil sie so den Bruterfolg erheblich verbessern können. Sie nehmen einem bereits brütenden konventionellen Paar das Ei weg und schieben es einer männlichen Homo-Gemeinschaft unter. Das seines Eies beraubte Weibchen legt bald ein neues und letztendlich ziehen drei Männchen und ein Weibchen zwei Jungtiere auf. Da ein Weibchen in einer Saison im Normalfall nur einen kleinen Geier großziehen kann, verdoppelt dieser Trick den Bruterfolg.

Familienbande

Meist aber verläuft das Familienleben der Greifvögel viel weniger spektakulär. Einige Arten wie der Steinadler leben in dauerhaften Zweierbeziehungen das ganze Jahr hindurch zusammen. Auch im Winter renovieren die beiden Adler bisweilen ihr Nest. Im Frühjahr können die Tiere so viel rascher zum Brutgeschäft kommen als andere Arten, bei denen die Paare unabhängig voneinander in ihr Winterquartier ziehen.

Bei diesen Zugvögeln kommt normalerweise das Männchen als Erstes wieder „nach Hause", also zum Horst des Vorjahres. Mit lauten Rufen teilt es allen Nachbarn mit, dass Revier und Horst immer noch von ihm reklamiert werden. Wenige Tage später kommt das Weibchen zurück. Vogelforscher sind sich ziemlich sicher, dass die Tiere weniger voneinander als vom gemeinsamen Horst angezogen werden. Überleben beide Partner den Winter, kommt so das Paar des Vorjahres wieder zusammen. Ist dagegen einem der beiden Vorjahrespartner etwas passiert, tut sich der Überlebende meist problemlos mit einem anderen Vogel zusammen.

Werbung

Egal wie lange sich die Partner schon kennen, vor der Paarung muss das andere Geschlecht erst einmal umworben werden. „Balz" heißt dieses Verhalten bei Vögeln. Dabei zeigen sich die Partner bestimmte Federpartien und demonstrieren mit akrobatischen Flugmanövern, wie fit sie sind. Den weitaus aktiveren Part bei diesen oft mit viel Geschrei verbundenen Balzflügen übernehmen fast immer die Männchen.

Typische Gleitflieger wie Fischadler, Schmutzgeier oder Steinadler zeigen ihre Geschicklichkeit mit einem „Wellenflug". Aus einer bestimmten Höhe setzt der Vogel zum rasanten, aber kurzen Sturzflug an und kehrt danach mit wenigen, sehr kräftigen Flügelschlagen wieder in die Ausgangshöhe zurück, um diese Demonstration seiner Kraft noch ein paar Mal zu wiederholen.
Erheblich dramatischer geht es zum Beispiel beim Mäusebussard zu, der sich zunächst in sehr große Höhe schraubt. Im steilen Sturzflug mit eng angelegten Flügeln geht es von dort mit sehr hohem Tempo nach unten. Einige Meter über dem Boden breitet der Vogel die Flügel wieder aus, macht eine relativ enge Kehre und schießt wieder nach oben. Manchmal dreht das Männchen plötzlich auf das mitfliegende Weibchen zu. Die Antwort auf diese „Attacke" erfolgt meist sofort: Das Weibchen dreht sich auf den Rücken und hält ihm die Fänge entgegen. Manchmal packt das Männchen die ausgestreckten Fänge seiner Partnerin und trägt so sein Weibchen durch die Luft. Dieses Manöver ähnelt nicht nur ein wenig dem „Tragen über die Schwelle" von gerade getrauten menschlichen Ehepartnern, sondern endet auch ähnlich: Normalerweise ist das Männchen zu schwach, seine Partnerin dauerhaft zu tragen und die beiden sinken langsam tiefer, bis sie ihren Griff löst und auf eigenen Schwingen weiterfliegt. Auch bei Ehepartnern reicht die Kraft ja meist nur zum Tragen über die Schwelle, aber nicht viel weiter.

Horst und Brut

Nach dem Balzflug schauen Falken sich nach einer günstigen Nistgelegenheit um und legen ihre Eier auf Felsbänke, in die eroberten Nester anderer Arten oder einfach auf den Boden. Viele andere Greifvögel dagegen geben sich viel Mühe mit ihrem Horst. Entweder wird das Nest des Vorjahres als Fundament für einen Neubau verwendet oder ein Vogelpaar hat gleich mehrere Horste in seinem Revier, von denen es einen auswählt und renoviert. Meist übernehmen die Weibchen dabei den größeren Teil der Arbeit am Nest. Dieser kontinuierliche Ausbau lässt die Horste ständig wachsen, bis sie bei manchen Arten sechs Meter hoch sind und zwei Meter Durchmesser haben.

Um ihren Horst verteidigen die Paare meist ein Revier gegen aufdringliche Nachbarn und manchmal auch gegen andere Arten. Je mehr Nahrung eine Art benötigt und je weniger Futter eine Gegend liefert, umso größer ist dieses Revier. In kargen Gebieten Südeuropas beanspruchen manche Steinadler Reviere, die mit 600 Quadratkilometern ähnlich groß sind wie der Genfer See. In Schottland ist dagegen reichlich Wild unterwegs und viele Steinadlerpaare begnügen sich mit Revieren, die mit 20 Quadratkilometern allenfalls die Fläche einer Kleinstadt haben. Nur viele Aasfresser und Insektenjäger weichen von diesen Verhaltensweisen ab und brüten ohne eigenes Revier in größeren Kolonien mit vielen Artgenossen zusammen.

Ist das Nest fertig, legt das Weibchen bald die Eier und übernimmt auch meist das Ausbrüten. Schlüpfen mehrere Küken, geschieht das meist innerhalb von höchstens drei Tagen. Trotzdem sind die Größenunterschiede zwischen den Geschwistern oft enorm. Schaffen die Eltern dann in weniger guten Jahren nicht genug Nahrung für alle herbei, setzen sich die stärksten Küken durch.

Der Nachwuchs wird erwachsen

Die Entwicklung der Küken ähnelt sich bei den verschiedenen Greifvogelarten verblüffend. Zunächst einmal kämpft sich der Nachwuchs aus dem Ei. Das dauert bei einem Wespenbussard 24 Stunden, ein schlüpfender Habicht ist damit dagegen oft drei ganze Tage beschäftigt. Die ersten Tage außerhalb der Eischale ist der Nestling oft noch nicht einmal imstande, seinen Kopf zu heben. Die meist weißen, seidenweichen Dunenfedern des gerade geschlüpften Kükens werden schon nach wenigen Tagen gegen ein neues Dunenkleid ausgetauscht, das ein wenig sehr weicher, flauschiger Wolle ähnelt. Jetzt ist der Nachwuchs viel lebhafter, schaut sich neugierig um und krabbelt eifrig im Horst umher.

Bald stehen die Nestlinge auf eigenen Beinen und tappen vorsichtig rückwärts zum Rand des Nestes, um ihre Exkremente loszuwerden. Bis zu dieser Phase ist immer ein Altvogel ganz in der Nähe, passt auf seinen Nachwuchs auf und zerteilt auch die herangeschleppte Beute in für den Grünschnabel gerechte Stücke. Nach einem Drittel ihrer Zeit im Nest wachsen zunächst am Schwanz und an den Flügeln die Federn. Am Ende dieser Phase sind auch Schnabel und Beine voll entwickelt. Danach kann der Nachwuchs die von den Alten herbeigeschleppte

Beute selbstständig verzehren. Im letzten Abschnitt der Zeit im Horst wachsen die Schwungfedern, während jetzt beide Eltern gleichzeitig jagen, um die inzwischen ausgewachsenen Schnäbel stopfen zu können. Da die Sommer in Nordosteuropa kurz sind, dauert diese Phase bei den dort brütenden Merlinen nur 23 Tage. Kleine Gänsegeier schlüpfen dagegen bereits Anfang April und können sich daher für diese letzte Nestphase bis zu vier Monate Zeit lassen.

In dieser Zeit trainieren die jungen Vögel eifrig ihre Flügel, bis sie eines Tages den ersten Flug wagen. Noch aber sind die Eltern da, die den Nachwuchs auch nach dem Ausfliegen kräftig füttern. Schließlich müssen die Jungvögel erst einmal lernen zu jagen. Das geht bei Inseklenfressern wie den Rotfußfalken in Osteuropa und Sibirien schnell, nach zwei Wochen sind sie wirklich selbstständig. Steinadler versorgen ihren Nachwuchs dagegen auch noch ein halbes Jahr nach dem Erstflug, der Kalifornische Kondor füttert seine fliegenden Kinder sogar sieben Monate lang. In den Tropen versorgen einige Arten ihren Nachwuchs sogar noch ein Jahr nachdem sie zum ersten Mal ausgeflogen sind – ein Nesthocker muss also nicht zwangsläufig im Nest hocken bleiben.

Erfolgsaussichten

Bei Weitem nicht alle von Greifvögeln gelegten Eier aber starten irgendwann als Jungvögel zu ihrem ersten Flug. In den Niederlanden erreichen zum Beispiel nur gut die Hälfte aller Eier von Turmfalken auch das Flugalter. Solche Zahlen geben allerdings nur eine groben Durchschnitt an, tatsächlich schwankt der Bruterfolg von Jahr zu Jahr. So bringt ein Wespenbussardpaar in Mitteleuropa in einem normalen Jahr laut Statistik 1,5 Jungvögel bis zum Erstflug. In verregneten Sommern mit wenig Insekten aber fällt der Nachwuchs beim Wespenbussard oft völlig aus. Noch extremer ist die Situation im hohen Norden. Der Raufußbussard brütet auf Grönland und Island normalerweise nur in den zwei von vier Jahren, in denen seine Hauptnahrung in Form kleiner Nagetiere häufig über die Tundren flitzt. In dieser Zeit aber ziehen die Vögel soviel Nachwuchs groß, dass sie damit die beiden Jahre ohne Bruterfolg ausgleichen können.

Manche Arten wie der Königsbussard in Nordamerika brüten zwar auch in schlechten Jahren. Werden sie dann aber gestört, weil zum Beispiel Menschen an ihrem Brutbaum hochklettern, geben sie die Brut oft ganz auf. In guten Jahren dagegen kehren sie nach der Störung fast immer zum Nest zurück.

Jäger und Gejagte

Die meiste Zeit haben Greifvögel nur einen Job: Sie jagen Beute. Die aber sieht je nach Art sehr unterschiedlich aus. Da gibt es Spezialisten wie die Schmutzgeier Afrikas, die Müllhalden der Menschen nach Essbarem durchwühlen und sogar deren Kot vertilgen. Bartgeier wiederum haben sich perfekt an Knochen angepasst, die sich bei näherer Analyse als wahre Kraftnahrung entpuppen, die allerdings recht schwer zu knacken ist. Einige kleine Arten wie der Rotfußfalke in Osteuropa und der Rötelfalke in Südeuropa und Zentralasien jagen mit Heuschrecken, Grillen, Käfern und anderen Insekten einer Beute nach, die eigentlich für einen Greifvogel sehr klein ist. Und der Wespenbussard gräbt die Nester von Wespen und Hummeln aus, deren gesamte Brut er vertilgt.

Auch beim Schlangenadler weist bereits der Name auf seine wichtigste Beute hin. Zwergadler und Turmfalken Südeuropas spezialisieren sich ebenfalls gern auf Reptilien, bevorzugen allerdings Eidechsen, die auch der Habichtskauz bisweilen erbeutet. Amphibien stehen beim Schreiadler in Osteuropa und Kleinasien häufig auf der Speisekarte. Der Fischadler wiederum hat sich zu einem perfekten Fischjäger entwickelt. Aber auch Seeadler, Schwarzmilan und Bindenseeadler schätzen die scheuen Wasserbewohner sehr, während Rotmilan und Rohrweihe erheblich seltener Fische verschlingen.

Mit weitem Abstand die wichtigste Greifvogelbeute aber sind Säugetiere und Vögel. Mäuse und Lemminge stehen bei etlichen Arten ganz oben auf der Speisekarte. Aber auch Ziesel, Murmeltiere, Eichhörnchen und Hamster landen recht häufig in

diversen Greifvogelschnäbeln. Haustiere dagegen interessieren die meisten Greifvögel entgegen manchen Vorurteilen kaum. Einzig der Steinadler erwischt manchmal ein neugeborenes Rentier oder Lamm.

Falken und Habichte sind die typischen Vogeljäger unter den Greifvögeln. Falken jagen dabei fast nur über Feldern, Wiesen und Steppen, während Habichte eher im Wald oder in Buschlandschaften auf andere Vögel ansitzen. Dabei gibt es immer wieder auch Konflikte mit Menschen. So sind die im Vergleich mit anderen Vögeln ziemlich lahmen und oft auch unvorsichtigen Hühner im Freiland vor allem für junge, unerfahrene Habichte eine leichte Beute. Auch der Wanderfalke macht sich erbitterte Feinde unter Hobbyzüchtern, wenn er deren eher behäbigen Tauben erwischt.

Noch praktischer ist es natürlich, wenn man die Nahrung erst gar nicht erlegen muss. Vor allem wenn ihre normale Beute im Winter knapp wird, verschlingen viele Adler und Bussarde daher auch Aas. Die wohl bekanntesten Aasfresser aber sind die Geier, von denen viele Arten gar nichts anderes mehr auf den Speiseplan setzen. Sie haben sich damit eine Nahrungsquelle erschlossen, die weitgehend gefahrlos „erbeutet" werden kann. Obendrein übernehmen Geier so die wichtige Rolle einer Müllabfuhr und beseitigen gesundheitsgefährdende Kadaver.

Jagdmethoden

Auf der Suche nach Beute gleiten Geier häufig viele Stunden lang hoch über dem Boden, damit sie eine möglichst große Fläche überblicken können. Aus dem gleichen Grund fliegt auch der Kaiseradler oft so hoch oben, dass ein Mensch ihn nur noch als dunklen Punkt am Himmel entdeckt. Wer allerdings wie die Weihen eher kleine Beute sucht, die vielleicht auch noch im dichten Gras unterwegs ist, gleitet in der Regel relativ knapp über den Boden.

Völlig unterschiedliche Methoden nutzen die Greifvögel bei der Suche nach Beute: Der Adlerbussard kreist dazu meist über einem Gebiet, während Milane mit kräftigen Flügelschlägen immer dem Schnabel nach fliegen. Turmfalken oder Raufußbussarde wiederum halten sich oft mit heftigen Flügelschlägen über einer Stelle in der Luft und warten, bis unter ihnen eine Maus aus ihrem Loch springt. Wer Beute auf dem Erdboden erwischen will, versucht es gern auch mit der „Ansitzjagd" und späht von einem Pfosten, Ast oder Telegrafenmasten nach potenziellen Snacks. Auch beim Jagdtempo bevorzugen die Gattungen verschiedene Ansätze: Weihen und Milane gleiten langsam eher in geringer Höhe, damit ihnen ja keine Beute entgeht. Habichte dagegen flitzen in schnellem Flug knapp über dem Boden und nutzen Büsche und Hügelkuppen als Deckung, um ihre Opfer zu überraschen. Ein ähnlicher Überraschungsangriff gelingt Falken dagegen, wenn sie aus größerer Höhe zum Sturzflug ansetzen. Alternativ kann man natürlich seiner Beute auch am Boden hinterherrennen.

Weil sich Greifvögel beim Beutemachen ungern über die Flügel schauen lassen, gibt es dazu bisher auch kaum Beobachtungen. Mit Hochgeschwindigkeitskameras konnte dieser entscheidende Moment immerhin bei Sperbern und Habichten aufgedeckt werden. Mit kräftigen Flügelschlägen fliegt der Greifvogel zunächst auf sein Opfer zu. Einige Meter vor dem Ziel geht er dann in einen ruhigeren Gleitflug über und kann so genauer zielen. Dicht vor der Beute wirft der Vogel dann den Unterleib schlagartig vor und spreizt auch noch die Beine nach vorn, um so die Krallen mit großer Wucht in das Opfer zu stoßen. Während Oberkörper und Kopf sich so in jeder Sekunde um 4,8 Meter auf die Beute zu bewegten, erreichte das Becken durch das Vorschnellen mit 9,5 Metern in der Sekunde praktisch die doppelte Geschwindigkeit und die Krallen drangen sogar mit 11,4 Metern in der Sekunde in das Opfer ein. Da die Kraft mit dem Quadrat der Geschwindigkeit wächst, ist die Wucht der Krallen durch dieses Vorschnellen fünf oder sechs Mal stärker als bei einem normalen Anflug ohne diesen Zusatzschwung.

Gewölle

Abgesehen von Spezialisten wie dem Bartgeier, der es nur auf die Knochen verendeter Tiere abgesehen hat, verschlingen die meisten Greifvögel ihre Beute mit Haut, Haaren und Knochen. Vor allem die harten Teile wie die Federkiele und manchmal Knochen aber können sie gar nicht verdauen. Weil Knochensplitter und andere spitze Teile die empfindlichen Darmschleimhäute verletzen könnten, umhüllt der Organismus sie mit den Haaren der Beute. Dieses „Gewölle" wird meist nach jeder Mahlzeit ausgewürgt.

Wissenschaftler und Hobbyforscher pulen diese Wollklumpen gern auseinander, um mehr über das Leben der Greifvögel zu erfahren. Im Innern tauchen dann Zähne und Federkiele, manchmal auch ganze Schädel oder das vollständige Skelett einer Maus auf. Wer das ganze Jahr über Gewölle analysiert, erfährt so am Ende, ob eine Eule im Winter mehr Mäuse erwischt und im Sommer vielleicht Frösche bevorzugt. Im Gewölle von Eulen finden Forscher häufig komplette Skelette, während sie bei anderen Greifvögeln oft nur Knochensplitter oder gar keine Knochenreste entdecken. Eulen scheinen also ihre Beute ganz zu schlucken, während Greifvögel ihr Opfer dagegen eher in schnabelgerechte Teile zerlegen und manchmal auch die Knochen verdauen.

Greifvögel

Vom Aas eines Afrikanischen Elefanten über die selbst erbeutete Antilope bis zu Regenwürmern und Wespen – der Speiseplan der verschiedenen Greifvögel ist ungefähr so vielfältig wie ihre Heimat, die von den dichten tropischen Regenwäldern bis zu den Wüsten der Erde reicht. Auch Größe und Verhalten der einzelnen Arten unterscheiden sich gewaltig. So segelt ein Andenkondor mit seiner Flügelspannweite von 3,2 Metern, die so manches Kinderzimmer in der Länge übertrifft, in 7000 Metern über dem Meeresspiegel majestätisch über Vulkane und Hochgebirgstäler. Turmfalken dagegen wirken eher hektisch, wenn sie mit ihrer viel kürzeren Spannweite von 75 Zentimetern oft mit heftigen Flügelschlägen in der Luft stehen und nach Mäusen spähen.

So unterschiedlich diese Arten auch sind, ähnelt sich der Körperbau doch sehr. Ein guter Jäger braucht eben einen kräftigen Körper mit breiter Brust. Um ihre Beute gut zu entdecken, haben Greifvögel meist sehr scharfe und große Augen. Der Oberschnabel ist immer länger als der Unterschnabel, seine Spitze ist wie ein Greifhaken nach unten gebogen, um die Beute festzuhalten und in schnabelgerechte Stücke zu zerreißen. Kräftige und vor allem spitze Krallen eignen sich perfekt zum Zupacken und sind meist die gefährlichste Waffe dieser Vögel. Und weil sie damit ihre Beute greifen, heißen sie eben „Greifvögel".

Wanderfalke

Wanderfalken gehören wohl zu den bekanntesten Greifvögeln der Welt. Schließlich haben sie bis auf die Antarktis sämtliche Kontinente besiedelt. Entsprechend flexibel sind die Tiere in ihren Ansprüchen. Solange es nicht zu heiß und trocken ist und sie genügend Beute und Nistmöglichkeiten finden, kommen sie in den unterschiedlichsten Lebensräumen zurecht.

BIOLOGISCHER STECKBRIEF

Wissenschaftlicher Name
Falco peregrinus

Familie
Falkenartige (Falconidae)

Heimat
Alle Kontinente außer Antarktis

Lebensraum
Flexibel, auch in Städten

Größe
Weibchen bis 50 cm lang, 1,15 m Flügelspannweite, Männchen deutlich kleiner

Nahrung
Vögel

Fliegende Rekordhalter

In den meisten Regionen der Erde liegen die typischen Kinderstuben der Wanderfalken auf Felsen. Doch wo solche Biotope fehlen, brüten sie auch in den Horsten anderer Greifvögel, in Baumhöhlen oder sogar am Boden von Mooren. Und auch Städte und Industrieanlagen sind für Wanderfalken durchaus interessante Nistplätze. Dort finden sich schließlich reichlich Gebäudefassaden, die in Wanderfalkenaugen durchaus als „künstliche Felsen" durchgehen. Wer die anpassungsfähigen Greifvögel beobachten will, hat mit etwas Glück also vielleicht sogar in der eigenen Nachbarschaft die Gelegenheit dazu.

Ein besonders eindrucksvolles Schauspiel liefern Wanderfalken bei der Jagd. Ihre Opfer sind fast ausschließlich kleine und mittelgroße Vögel, die sie in der Luft erbeuten. Je nach Region stehen dabei verschiedene Taubenarten ebenso auf ihrem Speiseplan wie Drosseln, Stare, Möwen oder was der Lebensraum gerade sonst

noch her gibt. Da ein großer Falke in der Luft aber für jedes potenzielle Opfer leicht zu sehen ist, setzen die geflügelten Jäger auf Schnelligkeit. Sie kreisen oft hoch am Himmel und stoßen dann plötzlich im Sturzflug auf einen unter ihnen vorbeifliegenden Vogel herab. Dabei können sie vermutlich Spitzengeschwindigkeiten von mehr als 300 Kilometern pro Stunde erreichen und gehören damit zu den schnellsten gefiederten Jägern überhaupt. Allein durch die Wucht des Aufpralls werden viele Beutetiere bereits getötet. Die Übrigen bringen die Greifvögel zur Strecke, indem sie ihnen mit dem Schnabel ins Genick hacken.

Manchmal kommt die Gefahr aber nicht von oben, sondern von hinten. Auch bei solchen Verfolgungsjagden sind Wanderfalken extrem schnell. Sie können jedes beliebige Opfer rasch einholen, solange es nur geradeaus fliegt. Das aber scheinen die attackierten Vögel auch zu wissen. Sie versuchen daher, den geflügelten Angreifer in engen Kurven auszumanövrieren – oft mit Erfolg.

Phönix aus der Asche

In früheren Jahrzehnten hatte man vielerorts nur noch schlechte Chancen, solche spannenden Szenen zu beobachten. Es war kein Zufall, dass der Naturschutzbund

Deutschland (NABU) den Wanderfalken im Jahr 1971 zum ersten „Vogel des Jahres" kürte. Denn in weiten Teilen der Nordhalbkugel waren die Bestände seit den 1960er-Jahren dramatisch eingebrochen, in Deutschland stand der Greifvogel als „vom Aussterben bedroht" auf der Roten Liste der gefährdeten Arten. Seit 1950 war der Brutbestand hierzulande um mehr als 90 Prozent zurückgegangen, nur wenige Paare nisteten noch in Südwestdeutschland und in den Mittelgebirgen.

Zu diesem Zusammenbruch hatten Eiersammler und Jäger ebenso beigetragen wie das Pestizid DDT. Vögel, die diese langlebige Chemikalie mit der Nahrung aufgenommen hatten, legten Eier mit extrem dünnen Schalen. Zahlreiche dieser Eier zerbrachen beim Brüten, sodass kaum noch Nachwuchs bei den Wanderfalken schlüpfte. Inzwischen aber haben sich die Greifvögel wieder erholt. Im Jahr 2006 brüteten in Deutschland wieder schätzungsweise 950 Paare der schnellen Jäger. Zu diesem Aufschwung hat vor allem das DDT-Verbot beigetragen, das in der Bundesrepublik seit 1972 in Kraft ist. Etliche Tiere aber haben auch vom Engagement der Naturschützer für ihren ersten Jahresvogel profitiert. So haben Wanderfalken-Enthusiasten zahlreiche Nester zur Brutzeit rund um die Uhr bewacht, sodass Eierdiebe wenig Chancen hatten.

Wüstenfalke

BIOLOGISCHER STECKBRIEF

Wissenschaftlicher Name
Falco pelegrinoides

Familie
Falkenartige (Falconidae)

Heimat
Afrika, Kanarische Inseln, Naher Osten, Asien

Lebensraum
Trockengebiete, Halbwüsten

Größe
34 bis 40 cm lang, bis 1 m Flügelspannweite

Nahrung
Vögel

Ein enger Verwandter des Wanderfalken ist der Wüstenfalke, der seinem bekannteren Kollegen auch äußerlich sehr ähnlich sieht. Allerdings ist er etwas kleiner. Die beiden Arten werden allerdings oft verwechselt, sodass man über das genaue Verbreitungsgebiet des Wüstenfalken wenig weiß. Klar ist jedoch, dass er in Nord- und Westafrika, auf den Kanarischen Inseln, in Israel sowie in West- und Zentralasien brütet.

Wie ihr Name verrät, sind die Tiere vor allem in kargem Gelände wie trockenen Hügellandschaften und Halbwüsten zu Hause. Dort machen sie ähnlich wie Wanderfalken in rasantem Flug Jagd auf kleinere Vögel. Dabei wirken sie sogar noch schneller und geschickter als ihre für Temporekorde bekannten Verwandten. Zu schätzen wissen es die Tiere, wenn es in ihrem Lebensraum nicht nur reichlich Beute, sondern auch genügend Felsen als Kinderstube gibt. Als Ersatz für natürliche Gesteinswände akzeptieren sie aber auch die Fassaden von Gebäuden.

Turmfalke

BIOLOGISCHER STECKBRIEF

Wissenschaftlicher Name
Falco tinnunculus

Familie
Falkenartige (Falconidae)

Heimat
Europa, Afrika, Asien

Lebensraum
Flexibel, auch in Städten

Größe
33 bis 39 cm lang, 65 bis 80 cm Flügelspannweite

Nahrung
Mäuse, Vögel, Eidechsen, Insekten

Der Turmfalke steht nach dem Mäusebussard auf Platz zwei der häufigsten Greifvögel Mitteleuropas. Allein in Deutschland sollen etwa 50 000 Paare der etwa 35 Zentimeter großen Tiere mit dem bräunlich-grauen Gefieder brüten. Doch auch in vielen anderen Teilen Europas, Asiens und Afrikas fühlen sich die kleinen Jäger wohl. Dichten Wäldern und baumlosen Steppen können sie zwar nichts abgewinnen, ansonsten aber haben sie sich in den verschiedensten Lebensräumen angesiedelt. Sie leben auf mehr als 5000 Metern Höhe in der Einsamkeit der Gebirge Tibets, haben aber auch gegen die quirlige Hektik von großen Städten nichts einzuwenden. Gerade in Mitteleuropa brüten die Vögel gern in Mauernischen oder in künstlichen Nisthilfen, die Kirchtürme, Schulen oder andere Gebäude zu attraktiven Falken-Kinderstuben machen.

Geflügelte Spione

Die gefiederte Nachbarschaft fällt vor allem dann auf, wenn sie im typischen „Rüttelflug“ nach Beute späht. Mit rasch schlagenden Flügeln halten sich die Tiere in der Luft auf der Stelle, bevor sie auf das anvisierte Opfer herabstoßen. Da diese Jagdmethode sehr viel Energie verbraucht, setzen die Vögel sie allerdings nur dort ein, wo es sich auch lohnt. Günstig sind zum Beispiel Stellen, an denen regelmäßig zahlreiche Feldmäuse oder andere kleine Säugetiere unterwegs sind.

Zum Glück für die Falken haben viele Nager die Angewohnheit, ihre Hauptwege und Versammlungsplätze mit Urin zu markieren. Solange diese Spuren frisch sind, reflektieren sie die UV-Anteile des Lichtes viel stärker als die längerwellige Strahlung. Bei altem, eingetrocknetem Urin ist es umgekehrt. Da Mäuse UV-Licht sehen können, erkennen sie diesen Unterschied sofort und wissen, wo kürzlich ein Artgenosse entlanggelaufen ist. Turmfalken können diese Spuren allerdings ebenfalls lesen: Finnische Wissenschaftler haben herausgefunden, dass die geflügelten Spione mit Vorliebe dort auf Beute lauern, wo frischer Urin einen beliebten Feldmauspfad verrät.

Je nach Lebensraum können sich die Falken den Magen aber nicht nur mit Mäusen füllen. In Südeuropa zum Beispiel sind Eidechsen und Insekten wichtige Posten auf ihrem Speiseplan. Und in vielen Städten ist das Angebot an Nagetieren eher dürftig, während überall Spatzen und andere kleine Singvögel herumflattern. Dort werden Turmfalken daher oft zu Vogeljägern. In Berlin hat die Ornithologin Sonja Kübler zudem in zahlreichen Turmfalken-Nistkästen die Reste von Mahlzeiten aus Kotelettknochen, Brathähnchen und Hackfleisch-Brötchen gefunden.

Reisen oder bleiben?

Auch was ihre Reisegewohnheiten angeht, sind die Tiere flexibel. So machen sich die Nord- und Osteuropäer unter den Turmfalken jeden Herbst auf den Weg in wärmere Regionen, weil ihnen in ihrer Heimat im Winter die Nahrung zu knapp ist. Anders als andere Zugvögel sind die Tiere dabei offenbar nicht in großen Schwärmen auf festgelegten Routen unterwegs, sondern fliegen einfach in breiter Front ungefähr in Richtung Süden oder Südwesten. Finnische Exemplare zum Beispiel wurden schon in allen möglichen Regionen zwischen Portugal und Bulgarien gefunden, bayerische Vögel steuern Malta ebenso an wie Tunesien oder Spanien. Manche Turmfalken machen sich auch auf die weite Reise nach Arabien und nach Afrika südlich der Sahara.

Wenn sie in ihrer Heimat das ganze Jahr hindurch satt werden, ersparen sich die Tiere solche anstrengenden Reisen allerdings. So bleiben nicht nur viele mittel-, west- und südeuropäische Turmfalken lieber zu Hause, auch Stadtvögel sehen oft keine Notwendigkeit, den Winter anderswo zu verbringen. Auch das gilt aber nicht für alle. So haben Mitarbeiter der Arbeitsgruppe Greifvogelschutz mehr als 4000 Berliner Turmfalken beringt, um ihre Reisen in die Winterquartiere verfolgen zu können. Einige davon sind in Algerien, Spanien, Italien oder Frankreich wieder aufgetaucht.

Baumfalke

BIOLOGISCHER STECKBRIEF

Wissenschaftlicher Name
Falco subbuteo

Familie
Falkenartige (Falconidae)

Heimat
Europa, Asien, Afrika

Lebensraum
Wiesen, Sümpfe, Heide, Wälder

Größe
28 bis 35 cm lang, 70 bis 84 cm Flügelspannweite

Nahrung
Insekten, Vögel

Nach dem Turmfalken ist der Baumfalke in Deutschland der zweithäufigste Vertreter der Falkenfamilie. Der braun gemusterte Vogel mit den weißen Wangen und den rostroten „Hosen" ist ungefähr so groß wie sein bekannterer Verwandter, hat aber eine andere Figur. Mit seinen schmalen, spitzen Flügeln und dem kurzen Schwanz erinnert er in der Luft an einen zu groß geratenen Mauersegler.
Auch was seine Flugkünste angeht, kann sich der Baumfalke durchaus mit den schnellen Mauerseglern und Schwalben messen. Außer für schmackhafte Vögel hat er aber auch ein Faible für Insekten, die etwa die Hälfte seiner Nahrung ausmachen. Möglicherweise hat diese Nahrung den Baumfalken einiges Unheil erspart. Denn im Gegensatz zu vielen anderen Greifvögeln sind die Bestände dieser Art in den 1960er-Jahren nicht zusammengebrochen. Das könnte daran liegen, dass Insekten bei Weitem nicht so stark mit gefährlichen Pestiziden belastet waren

wie beispielsweise samenfressende Singvögel. Dadurch haben die Baumfalken möglicherweise nur geringere Mengen des Pestizids DDT aufgenommen, das bei anderen Arten damals zu zerbrechlichen Eierschalen und einem geringeren Bruterfolg führte.

Wegen ihres Speiseplans haben die Falken eine große Vorliebe für feuchte Wiesen, Sümpfe und Heiden, in denen es reichlich Insekten und kleine Vögel gibt. Auch Wäldern können sie etwas abgewinnen, wenn sie auch Lichtungen oder angrenzende Felder als Jagdrevier bieten. Solche passenden Lebensräume finden die Tiere nicht nur in weiten Teilen Europas, sondern auch in Nord- und Zentralasien, im Fernen Osten Russland, in Nordchina und Japan. Im Herbst wird es ihnen allerdings in ihren Brutgebieten zu ungemütlich. Dann ziehen sie von Europa ins tropische Afrika südlich des Äquators, die asiatischen Vögel verbringen die kalte Jahreszeit in Nordindien, Pakistan und Südchina.

Eleonorenfalke

Eleonorenfalken legen Wert auf gute Nachbarschaft. Anders als viele andere Greifvögel haben sie beim Brüten gern Artgenossen um sich und ziehen ihren Nachwuchs daher in Kolonien auf. Diese „Falkenstädte", die aus bis zu 200 Brutpaaren bestehen, liegen vor allem in der Ägäis. Dort brüten mehr als 80 Prozent des Weltbestandes dieser Art. Es gibt aber auch Kolonien in anderen Regionen des Mittelmeerraumes, an der marokkanischen Atlantikküste und auf den Kanarischen Inseln.

Für Umzüge haben vor allem die Männchen wenig übrig. Meist kehren sie Jahr für Jahr in die Kolonie zurück, in der sie selbst aufgewachsen sind, selbst den Nistplatz wählen sie oft im Umkreis von wenigen Metern. Als Kinderstuben dienen sowohl Bodenmulden als auch kleine Höhlen oder Felsen. Günstig sind vor allem solche Stellen, die in der Mittagshitze Schatten bieten. Solche begehrten Standorte bleiben allerdings meist den alteingesessenen Tieren vorbehalten, wer im Alter von zwei Jahren als jugendlicher Neubrüter in der Kolonie auftaucht, muss sich erst einmal mit einem weniger attraktiven Platz begnügen.

BIOLOGISCHER STECKBRIEF

Wissenschaftlicher Name
Falco eleonorae

Familie
Falkenartige (Falconidae)

Heimat
Mittelmeerraum

Lebensraum
Kleine, unbewohnte Inseln, unzugängliche Felsregionen und Steilküsten

Größe
36 bis 42 cm lang, bis 1,05 m Flügelspannweite

Nahrung
Vögel, Insekten

Ein Alptraum für Zugvögel

Mit dem Nachwuchs lässt sich das Paar ziemlich viel Zeit. Ab Mitte Juli legt das Weibchen zwei bis drei rotbraun gefleckte Eier, dann wird noch einen knappen Monat gebrütet. Frühestens Mitte August kann daher der erste Nachwuchs schlüpfen. Das hat durchaus seinen Grund. Denn der Termin ist auf die Zuggewohnheiten von Singvögeln abgestimmt. Wenn diese auf dem Weg in ihre Winterquartiere die Brutgebiete der Eleonorenfalken passieren, sind sie für die frischgebackenen Eltern eine willkommene Beute. Wissenschaftler kennen inzwischen mehr als 100 Vogelarten, die den Eleonorenfalken zum Opfer fallen.

Bei der Jagd setzen die Tiere auf den Grundsatz: „Gemeinsam sind wir stark". Im Morgengrauen bilden sie 800 bis 1000 Meter hoch über der Ägäis eine regelrechte Angriffslinie. 10 bis 20 Falken postieren sich dann in jeweils 100 oder 200 Metern Abstand voneinander. Gegen den kräftigen Wind fliegend bleiben sie fast auf der Stelle stehen und warten, bis die Zugvögel in niedrigeren Höhen unter ihnen hindurchfliegen. Wenn es soweit ist, stoßen die geflügelten Jäger auf ihre Beute herab – was der eine dabei nicht erwischt, landet in den Fängen

des Nachbarn. Oft überlebt gerade einmal die Hälfte eines Zugvogelschwarms diesen gemeinschaftlichen Angriff.

Zwischen Mitte Oktober und Anfang November verlassen die Falken schließlich ihre Brutgebiete und werden selbst zu Zugvögeln. Sie verbringen den Winter auf Madagaskar, den östlich davon gelegenen Inseln Réunion, Mauritius und Rodriguez oder im Ostafrikanischen Hochland, bevor sie im nächsten Frühjahr wieder in ihre Kolonien zurückkehren.

Fischadler

BIOLOGISCHER STECKBRIEF

Wissenschaftlicher Name
Pandion haliaetus

Familie
Fischadler (Pandionidae)

Heimat
Weltweit außer Südamerika und der Antarktis

Lebensraum
An fischreichen, langsam fließenden oder stehenden Gewässern

Größe
50 bis 66 cm lang, bis 1,74 m Flügelspannweite

Nahrung
100 bis 300 Gramm schwere Fische

Mit Ausnahme der Antarktis und Südamerika fliegt der Fischadler über alle Kontinente der Erde. In Europa aber rotteten Jäger und Eiersammler diesen eleganten Flieger im 19. und 20. Jahrhundert nahezu aus, in Westdeutschland waren Fischadler am Ende des 19. Jahrhunderts ausgestorben. Erst seit der Jagddruck nachgelassen hat, erholen sich die Bestände vor allem rund um die Ostsee wieder. In Mitteleuropa ist der Naturpark Uckermärkische Seen heute die Region mit der höchsten Fischadler-Brutdichte. Hier beobachtete man 1938 auch zum ersten Mal ein Fischadlerpärchen, das ein ganz modernes Zuhause bewohnte: Die Greifvögel bauten ihr Nest in der Nähe von Templin statt in einem hohen, kahlen Baumwipfel auf einen Strommasten. Seither sorgen Naturschützer und Elektrizitätsversorger für weitere solcher Horstplätze und der Uckermark-Fischadler hat sich vom Baum- zum Strommast-Brüter gemausert. Auch im Gebiet um den Müritz-Nationalpark in Mecklenburg-Vorpommern saß am Ende der 1990er-Jahre auf nahezu jedem zweiten Strommasten ein Fischadlerpärchen in seinem Horst.

Das Jagdglück des Horstherren

Schon im April kann man dort live beobachten, wie das Männchen seinem Weibchen erst einmal beweist, dass es etwas vom Horstbau versteht. Meist schleppt er die richtigen Zweige heran, das Weibchen ist dann für die konkreten Baumaßnahmen zuständig.

Vor dem Brüten muss das Männchen dann noch zeigen, dass es genug Fisch für den späteren Nachwuchs erbeuten kann. Sind die Küken nämlich erst einmal geschlüpft, ist das Jagdglück des Horstherren entscheidend für das Gedeihen der kleinen Familie. Also steht der gefiederte Fischer immer wieder im Rüttelflug über einem Gewässer mit klarer Sicht. Erspäht er von dort oben seine Beute, stürzt er sich mit halb geschlossenen Flügeln in die Tiefe und streckt kurz vor dem Wasser die Fänge weit vor, mit denen er bis zu 1500 Gramm schwere Fische erwischt. Meist ist die Beute aber viel kleiner, typischerweise wiegt sie zwischen 100 und 300 Gramm. Oft taucht der Fischadler bei seiner Jagd fast völlig unter und kämpft sich anschließend mit seiner Beute mühsam wieder in die Luft. Danach verspeist er den Fisch auf einem bevorzugten Kröpfplatz oder verfüttert ihn im Horst an die Jungen oder das Weibchen.

Diese Jagd klappt nur, wenn der Fischadler seine Beute auch gut sieht. An offenen Seen oder Flüssen mit schneller Strömung aber verhindern oft Wellen eine gute Sicht. Deshalb jagen Fischadler meist nur an Seen oder langsam fließenden Flüssen mit viel Wald am Ufer, der den störenden Wind abhält. Salzwasser stört den Fischadler überhaupt nicht, am Mittelmeer jagt er nur in windstillen Buchten, aber nie an Flüssen und Seen. Eine Eisdecke dagegen ist für die fliegenden Fischer ein echtes Problem. Im Norden brütende Fischadler ziehen bereits im August nach Süden und kommen im März und April zurück. Jungvögel aber bleiben zumindest im ersten und oft auch im zweiten Jahr im Winterquartier.

Steinadler

BIOLOGISCHER STECKBRIEF

Wissenschaftlicher Name
Aquila chrysaetos

Familie
Habichtartige (Accipitridae)

Heimat
Nordamerika, Europa, Nordafrika und Asien

Lebensraum
Offene und halb offene Landschaften

Größe
Bis 1 m lang, bis 2,3 m Flügelspannweite

Nahrung
Säugetiere bis 15 kg Gewicht, Reptilien

Steinadler gelten auf der Nordhalbkugel der Erde als typische Greifvögel, weil sie relativ groß sind und Beute schlagen, die doppelt so schwer wie sie selbst sein kann. Diese Popularität wurde ihnen zunächst zum Verhängnis: Bereits im 17. Jahrhundert wurden Steinadler überall in Europa als unliebsame Konkurrenz menschlicher Jäger betrachtet. Mit Gewehr, Fangeisen und vergifteten Ködern begann ein beispielloser Vernichtungsfeldzug gegen den majestätischen Vogel. Halbwegs zugängliche Horste wurden ausgenommen und zerstört.

Gejagter Jäger

Bereits im 17. Jahrhundert waren die Vögel in Deutschland aus dem Thüringer Wald und dem Erzgebirge verschwunden. Um 1750 waren dann der Harz und um

1800 die Schwäbische Alb „steinadlerfrei". 1816 brütete das letzte Steinadlerpaar im Schwarzwald, 1876 in Brandenburg. Als dann 1887 in Pommern der letzte Horst zerstört war, gab es Steinadler in Deutschland nur noch in den Bayerischen Alpen, weil dort die Nester in steilen Felswänden oft kaum zu erreichen sind. Daran hat sich bis heute nichts geändert.

In anderen Ländern ging es dem Steinadler nicht besser, in Island waren die großen Greifvögel zum Beispiel 1910 ausgerottet. Erst als in den 1950er- und 1960er-Jahren neben vielen anderen Greifvögeln auch die letzten Steinadler durch Insektenvernichtungsmittel wie DDT kaum noch Nachwuchs durchbrachten, wandelte sich die Stimmung in der Bevölkerung. Plötzlich waren Greifvögel und allen voran der Steinadler Tiere, die vor dem Aussterben gerettet werden sollten. Nicht nur wurde DDT verboten, in vielen Ländern wurde der Steinadler in dieser Zeit auch streng geschützt. Seither nimmt der Bestand in vielen Ländern wieder zu oder bleibt zumindest stabil. Werden neugierige Jungadler nicht abgeschossen, die in Deutschland auch die flacheren Regionen außerhalb der Alpen manchmal in Augenschein nehmen, könnten sie auch dorthin zurückkehren.

Allerdings müssten Steinadler dazu noch einige Hindernisse überwinden. So bauen sie ihren Horst normalerweise nur in Felswände oder auf hohe Bäume, auf die Füchse und andere Säugetiere nicht klettern können. In Schweden liegt das Durchschnittsalter der Steinadler-Brutbäume zum Beispiel bei 320 Jahren. So alte Bäume gibt es in Europa aber nur noch extrem selten, weil Förster die meisten Stämme bereits nach 120 oder spätestens 140 Jahren nutzen wollen. Da auch Felswände im Flachland Mangelware sind, dürfte es noch eine Weile dauern, bis Steinadler dort wieder brüten.

Altersweisheit

Im Alter von sechs Jahren kommen Steinadler meist zum ersten Mal zur Sache. Zwischen Anfang März und Anfang April legt das deutlich größere Weibchen dann ein bis drei Eier, die es alleine gut sechs Wochen lang bebrütet. Zweieinhalb Monate bleiben die geschlüpften Vögel im Nest, aber auch danach werden sie noch viele Wochen lang von den Eltern gefüttert und lernen in dieser Zeit, auf eigene Faust zu jagen. Die Eltern verteidigen das ganze Jahr ihr Revier energisch gegen fremde Steinadler.

Gejagt wird, was greifbar ist und geschlagen werden kann. In den sommerlichen Alpen sind das häufig Murmeltiere, oft stehen aber auch Hasen, Kaninchen und Waldhühner auf dem Speiseplan. Auch jungen Gämsen, Hirschen, Rentieren, Rehen, Füchsen, Dachsen und Luchsen stellen Steinadler gern nach. Meist warten sie dazu auf einem Baum oder einem Felsen, bis sie Beute erspähen und

versuchen dann im Stoßflug ihr Glück. Größere Säugetiere verfolgen sie im Gleitflug dicht über dem Boden. Junge Adler lernen die beste Jagdtechnik erst im Laufe der Jahre. Ein zur Jagd abgerichteter Adler erwischte anfangs nur einen von 20 Hasen, denen er nachgestellt hatte. Doch als der Vogel älter wurde, hatten die Hasen nicht einmal mehr eine Fluchtchance, weil er sie bereits im Sitzen erwischte.

Kronenadler

BIOLOGISCHER STECKBRIEF

Wissenschaftlicher Name
Stephanoaetus coronatus

Familie
Habichtartige (Accipitridae)

Heimat
Afrika

Lebensraum
Tropische und subtropische Wälder

Größe
Bis 95 cm lang, bis 1,8 m Flügelspannweite

Nahrung
Säugetiere bis 30 kg Gewicht, häufig Affen

Der Kronenadler der afrikanischen Wälder ist der kräftigste Adler. Häufig schlägt er Säugetiere, die erheblich schwerer sind als er selbst. Rund 30 Kilogramm wog wohl der Buschbock, den ein Kronenadler erbeutet hatte, der selbst keine fünf Kilogramm auf die Waage brachte. Die durchschnittliche Beute wiegt allerdings „nur"

5,7 Kilogramm, ist damit aber immer noch schwerer als ihr Jäger mit seinen drei bis 4,5 Kilogramm.

Vor allem in den Regenwäldern der Tropen jagen Kronenadler sehr häufig Affen. Auch Menschenkinder könnten also durchaus geschlagen werden, allerdings sind aus der Gegenwart keine solchen Angriffe dokumentiert. Als Forscher aber den versteinerten Schädel eines Vormenschenkindes der Art *Australopithecus africanus* in Südafrika fanden, entdeckten sie im Schädel genau die gleichen Kratzer und Bissspuren wie sie Krallen und Schnabel des Kronenadlers in Affenschädeln hinterlassen. Das „Kind von Taung" ist daher vor 2,5 Millionen Jahren sehr wahrscheinlich von einem Kronenadler getötet worden.

Kronenadler leben nur in Wäldern und in größeren Bauminseln der Savannen. Auf der Suche nach Beute kurven die Greifvögel oft gut gedeckt durch die Baumwipfel. Haben sie dort eine Affenhorde entdeckt, versuchen sie sich unbemerkt vor der wandernden Gruppe ins Geäst zu setzen. Kommt die Horde näher, schlagen sie aus ihrem Versteck zu. Manchmal fliegen Kronenadler aber auch knapp über dem Waldboden von hinten an eine Affenhorde heran. Stößt der Greifvogel dann nach oben, erwischt er sein Opfer meist, weil die Affen kaum mit einem Angriff von unten rechnen.

Kaiseradler

In den weiten Steppen Südosteuropas und Zentralasiens sehen Menschen oft nur einen schwarzen Punkt am Himmel kreisen, wenn der Kaiseradler nach unvorsichtigen Hamstern oder Erdhörnchen späht, die sich zu weit von ihrem sicheren Bau entfernt haben. Im Sturzflug greift sich der gefiederte Jäger dann seine Beute. Manchmal schlägt er auch junge Trappen und Kraniche sowie ausgewachsene Tau-

BIOLOGISCHER STECKBRIEF

Wissenschaftlicher Name
Aquila heliaca

Familie
Habichtartige (Accipitridae)

Heimat
Südosteuropa und Zentralasien

Lebensraum
Steppen und Kultursteppen

Größe
Bis 85 cm lang, bis 2,16 m Flügelspannweite

Nahrung
Säugetiere wie Hamster, Aas

ben, Hühner und Raben. Doch als Bauern einzeln auf Steppen und Wiesen wachsende hohe Bäume fällten, wurden die Kaiseradler rasch weniger, weil sie auf solchen Baumriesen ihre oft gigantischen Horste bauen. Gleichzeitig vergifteten die Greifvögel sich auch an Strychnin-Ködern, die eigentlich für Wölfe und Raben gedacht waren.

Während Ornithologen die Kaiseradler auf der Iberischen Halbinsel und in Marokko für eine Rasse des zwischen dem äußersten Osten Österreichs und dem Baikalsee Sibiriens brütenden Kaiseradlers *Aquila heliaca* hielten, gelten diese Vögel heute als eigene Art. Der Spanische Kaiseradler *Aquila adalberti* ist ein wenig kleiner als der östliche Kaiseradler. 1970 gab es von dieser Art keine 50 Brutpaare mehr, 2008 brüteten dagegen nach strengen Schutzmaßnahmen wieder 255 Paare. Nach wie vor gilt der Spanische Kaiseradler aber als gefährdet.

Schlangenadler

BIOLOGISCHER STECKBRIEF

Wissenschaftlicher Name
Circaetus gallicus

Familie
Habichtartige (Accipitridae)

Heimat
Süd- und Osteuropa, Nordafrika, Asien

Lebensraum
Spärlich bewachsene, felsige Gebiete

Größe
Bis 70 cm lang, bis 1,88 m Flügelspannweite

Nahrung
Schlangen und andere Reptilien

Schlangenadler tragen ihren Namen völlig zu Recht, sie ernähren sich fast ausschließlich von Schlangen. Zwar bevorzugen sie ungiftige Beute, doch auch die giftige Kreuzotter ist kein Problem. Auf der Suche nach einem schmackhaften Reptil schweben Schlangenadler in 150 bis 400 Metern Höhe über dem Boden. Haben sie ein Opfer erspäht, bleiben sie rüttelnd in der Luft stehen und lassen sich dann wie ein Fallschirm fallen. Sie greifen die Schlange unmittelbar hinter dem Kopf oder beißen den Kopf gleich ab. Noch am Boden und manchmal sogar im Flug wird das Opfer mit dem Kopf voran verschlungen. Versorgen Schlangenadler Jungen, töten sie die Schlange und tragen sie im Schnabel zum Horst. Manchmal rennen sie Schlangen auch am Boden hinterher.

Neben der Art Schlangenadler in Asien, Nordafrika und dem Süden und Osten Europas gibt es in der Gattung Schlangenadler vier weitere Arten, die alle in Afrika leben.

Schreiadler

BIOLOGISCHER STECKBRIEF

Wissenschaftlicher Name
Aquila pomarina

Familie
Habichtartige (Accipitridae)

Heimat
Östliches Europa und Kleinasien

Lebensraum
Naturnahe Wälder mit Mooren und Wiesen

Größe
Bis 67 cm lang, bis 1,68 m Flügelspannweite

Nahrung
Bodentiere bis zur Größe junger Feldhasen

Ähnlich wie die Störche laufen Schreiadler auf der Suche nach Beute oft über Wiesen und abgeerntete Äcker. Das wirkt zwar wenig adlertypisch, ist aber recht effektiv. Wie andere Adler lauern sie aber auch gerne auf einem Ansitz in Form eines Heuhaufens, Zaunpfahls oder Baumes auf ihr Opfer. Den typischen Adler erkennt man vor allem, wenn die Tiere wenige Meter über dem Boden in Kreisen schweben und sich auf eine erspähte Beute stürzen.

Im Frühherbst ziehen Schreiadler in ihr Winterquartier im südlichen Afrika. Dort folgen sie über den Savannen den Fronten der Regenzeit. Da dort nach langen Trockenzeiten der erste Regen das Leben regelrecht explodieren lässt, finden sie dann reichlich Nahrung. Ein in Deutschland mit einem kleinen Satellitensender ausgerüsteter Schreiadler streifte so in seinem Winterquartier in Sambia durch ein Gebiet, das mit 25 000 Quadratkilometern fast die Größe Belgiens hatte. Dagegen sind Schreiadler im äußersten Westen ihres Brutareals in Brandenburg und Mecklenburg-Vorpommern nur in Gebieten von weniger als 100 Quadratkilometern Größe unterwegs.

Zwischen dem Osten Polens und der Pazifikküste im äußersten Südosten Russlands leben die sehr eng mit den Schreiadlern verwandten Schelladler *Aquila clanga*. Zwischen beiden Arten kommt es wohl immer wieder zu Mischbruten, bei denen sich aber ausschließlich Schelladlerweibchen mit Schreiadlermännchen paaren.

Seeadler

Schwebt in Grönland oder in Mitteleuropa scheinbar ein Gerüstbrett hoch oben am Himmel, sucht dort oben meist ein Seeadler seine Beute. Der weiße Schwanz ist dann gegen den hellen Himmel kaum sichtbar und die breiten Flügel wirken bei einer Spannweite von beinahe 2,5 Metern ohnehin ein wenig brettförmig. Auch wenn ein Seeadler wie eine überdimensionale Tür durch die Luft gleitet, ist er doch ein äußerst geschickter Jäger. Nach einem Sturzflug

BIOLOGISCHER STECKBRIEF

Wissenschaftlicher Name
Haliaeetus albicilla

Familie
Habichtartige (Accipitridae)

Heimat
Vom Süden Grönlands bis zum Osten Sibiriens

Lebensraum
Wälder mit großen Seen und Flüssen

Größe
Bis 95 cm lang, bis 2,44 m Flügelspannweite

Nahrung
Fische, Wasservögel, Aas

hinunter zu einem Gewässer greifen die vorgestreckten Krallen Fische oder Vögel an der Wasseroberfläche. Manchmal taucht ein Seeadler dabei auch tief ins Wasser. Wiegt ein Fisch mehr als zwei Kilogramm, hält der Vogel ihn einfach fest und wartet mit weit auf dem Wasser ausgebreiteten Flügeln, bis die Beute sich müde gekämpft hat. Anschließend schwimmt der Adler mit seiner Beute an Land.

Bis zur völligen Erschöpfung

Oft sitzen Seeadler auch auf Bäumen am Ufer von Gewässern und warten stundenlang, bis unter ihnen eine lohnende Beute auftaucht. Bei gesunden Enten und Gänsen hat der Seeadler trotzdem schlechte Chancen: Beim Anflug des Greifvogels starten sie sofort und der Adler bricht die Verfolgung ab. Sind die angeflogenen Tiere aber krank oder geschwächt, steht beim Adler Geflügel auf dem Speiseplan. Blässhühner entkommen den scharfen Krallen durch Tauchen. Sobald sie aber wieder an der Wasseroberfläche erscheinen, stößt der Seeadler erneut auf die Wellen herunter und das Blässhuhn

muss gleich wieder tauchen. Wechselt sich ein Seeadlerpaar bei dieser Jagdmethode auch noch ab, hat das Blässhuhn auf Dauer kaum eine Chance. Nach jedem Tauchgang ist es ein wenig erschöpfter und landet nach einiger Zeit todsicher in den Greifvogelkrallen.

Manchmal erbeuten Seeadler sogar Graureiher und Gänse im Flug und beweisen so, dass sie trotz des manchmal etwas plumpen Aussehens äußerst geschickte Flieger und Jäger sind. Weil sie ihnen körperlich überlegen sind, jagen Seeadler oft auch anderen Greifvögeln wie Fischadlern ihre Beute ab. Diese Dominanz in der Welt der Greifvögel und die majestätische Erscheinung war wohl auch der Grund, dass Adler in vielen Regionen zum Symbol der Stärke wurden. In der Antike waren Adler die Boten der Götter, im Mittelalter standen sie für die staatliche Ordnung schlechthin. Vorbild war wohl meist der Seeadler, der in Europa der größte Adler ist. Auch der Bundesadler in Österreich und Deutschland hat wie unzählige andere Wappen wohl den Seeadler zum Vorbild.

Sinkflug

Ihr Symbolcharakter aber hat den Seeadlern wenig geholfen. Wie andere Adler auch galt der Wappenvogel als Jagdkonkurrent und wurde daher bis zur Mitte des 20. Jahrhunderts heftig bejagt. Allein in Norwegen wurden zwischen 1900 und 1966 „Erlegungsprämien“ für 22 137 Seeadler gezahlt, jedes Jahr wurden im Land der Fjorde daher im Durchschnitt mehr als 300 Seeadler von Menschen getötet. Später reicherten sich Umweltgifte wie das Insektizid DDT im Fettgewebe vieler Tiere an und konzentrierten sich so besonders in den Greifvögeln, die am Ende der Nahrungskette stehen. Das DDT aber ließ die Schalen der Eier immer dünner werden, viele Eier zerbrachen daher unter den brütenden Eltern und die ohnehin bereits kräftig dezimierten Seeadler drohten endgültig auszusterben.

Erst als solche Insektizide verboten wurden und die Seeadler nicht mehr legal gejagt werden durften, begannen sich die Bestände zu erholen. Seither breitet sich der größte Adler Europas wieder in den Westen Europas aus, wo er seit dem Anfang des 20. Jahrhunderts ausgestorben war.

Weißkopfseeadler

BIOLOGISCHER STECKBRIEF

Wissenschaftlicher Name
Haliaeetus leucocephalus

Familie
Habichtartige (Accipitridae)

Heimat
Nordamerika

Lebensraum
Wälder mit großen Seen und Flüssen

Größe
Bis 90 cm lang, bis 2,3 m Flügelspannweite

Nahrung
Fische, Wasservögel, Aas

Der Weißkopfseeadler in Nordamerika ähnelt dem Seeadler in anderen Regionen auf der Nordhalbkugel in Aussehen und Verhalten stark. Nur der weiße Hals und Kopf unterscheidet ihn rein äußerlich vom Seeadler in Europa und Asien. Mit der eurasischen Schwesterart teilt der Weißkopfseeadler das Schicksal: Erst dezimierten Jäger die Bestände massiv, danach brachte die Wirkung des Umweltgiftes DDT die Art an den Rand des Aussterbens. Auch die Symbolik ist ähnlich: Der Weißkopfseeadler ist das Wappentier der USA. Sein Bild findet sich auch auf den Siegeln des Landes. Seit effektive Schutzmaßnahmen greifen, breitet sich der majestätische Vogel wieder aus und der Weißkopfseeadler konnte 2007 von der Liste der gefährdeten Arten gestrichen werden.

Schreiseeadler

Der Schreiseeadler Afrikas ähnelt nicht nur dem Weißkopfseeadler und dem eurasischen Seeadler stark, sondern verhält sich auch ähnlich wie diese. Oft sitzen die Vögel auf einem hohen Baum am Ufer und warten, bis ein Fisch knapp unter der Wasseroberfläche auftaucht. Zu ihrer Beute gehören neben verschiedenen Wasservögeln auch Ibisse, Störche und kleine Krokodile.

Und genau wie auf der Nordhalbkugel ist auch der Schreiseeadler ein Symbol in weiten Teilen des Kontinentes. Wenn die geflügelten Revierinhaber ihr Gebiet mit Duett-Rufen verteidigen, ertönt die „Stimme Afrikas". Und in Sambia ist der Schreiseeadler genauso Wappenvogel wie der Weißkopfseeadler in den USA.

BIOLOGISCHER STECKBRIEF

Wissenschaftlicher Name
Haliaeetus vocifer

Familie
Habichtartige (Accipitridae)

Heimat
Afrika südlich der Sahara

Lebensraum
Flüsse, Seen und Küsten mit hohen Bäumen an den Ufern

Größe
Bis 75 cm lang, bis 2,1 m Flügelspannweite

Nahrung
Fische, Wasservögel, kleine Krokodile, Aas

Wespenbussard

BIOLOGISCHER STECKBRIEF

Wissenschaftlicher Name
Pernis apivorus

Familie
Habichtartige (Accipitridae)

Heimat
Europa und südwestliches Sibirien

Lebensraum
Waldlandschaften mit Lichtungen

Größe
Bis 60 cm lang, bis 1,44 m Flügelspannweite

Nahrung
Faltenwespen und Hummeln

Kreist so ein Wespenbussard mit beinahe 1,5 Metern Spannweite am Himmel, kann man sich nicht so recht vorstellen, dass er sich praktisch ausschließlich von kleinen Wespen und Hummeln ernährt. Genau das tun die bis zu einem Kilogramm schweren Bussarde aber und gehören damit zu den am stärksten spezialisierten Greifvögeln.

Oft haben Beobachter aber ohnehin keine Gelegenheit, über den Wespenbussard zu grübeln, weil dieser sich so gut wie nie blicken lässt. Beinahe wie ein Einsiedler lebt

er zurückgezogen in den Wäldern Europas und selbst altgediente Ornithologen staunen, wenn sie von 4000 oder 5000 Wespenbussardpaaren hören, die allein in Deutschland brüten sollen.

Wespennesträuber

Dort kreist der Vogel dann über Lichtungen rund 15 Meter über dem Boden oder sitzt auf einem Baum und beobachtet seine Umgebung mit Adleraugen. Nur Wespen oder Hummeln interessieren den Wespenbussard, die plötzlich wie vom Erdboden verschluckt werden. Da Magie im Wald eher selten vorkommt, gibt es eigentlich nur eine Erklärung für dieses plötzliche Verschwinden: Das schwarz-gelb gestreifte Insekt muss in seinem Nest verschwunden sein, das sich oft in einer Höhle im Untergrund verbirgt.
Rasch fliegt der Wespenbussard zur fraglichen Stelle und gräbt mit Klauen und Schnabel bis zu 40 Zentimeter tief in die Erde. So eifrig ist er in seine Arbeit vertieft, dass er seiner Umgebung fast keine Aufmerksamkeit mehr schenkt und mögliche Gefahren oft gar nicht mehr wahrnimmt. Aber so viele Feinde hat der Greifvogel im Wald ja auch nicht und meist findet er das Nest schnell. Waben, Larven und Puppen, aber auch ausgewachsene Wespen und Hummeln transportiert er dann zum Horst, der irgendwo in einer Astgabel thront. Dort warten bereits die Jungen auf die leckere Mahlzeit.

Die Altvögel fliegen rasch wieder zurück zum Wespennest, bis es dort nichts mehr zu holen gibt. Wespen und Hummeln wehren sich zwar tapfer gegen den Nesträuber. Sie richten aber mit ihren Giftstacheln wenig aus, weil sehr dichte Federn vor allem seinen Kopf schützen und der Vogel beim Nestausräumen natürlich die empfindlichen Augen schließt. Die für Wespenstiche leicht zugänglichen Gesichtspartien zwischen Schnabel und Augen sind mit schuppenartigen Borsten gepanzert und die Nasenöffnungen bestehen nur aus einem schmalen Schlitz.

Spätheimkehrer

Ende August brechen die Wespenbussarde dann aus ihrer Waldheimat auf und fliegen nach Süden. Wasser und Meere mögen diese Greifvögel gar nicht, nur über schmale Meerengen wie die Straße von Gibraltar und den Bosporus erreichen sie daher Afrika. Irgendwo südlich der Sahara überwintern die Wespenbussarde, viele verbringen die Winterferien wohl im Regenwald Zentralafrikas.

Da im zeitigen Frühjahr in ihrem Brutrevier nur sehr wenige Wespen und Hummeln unterwegs sind, lassen sich Wespenbussarde mit dem Frühjahrszug viel

Zeit. Erst Mitte Mai treffen sie wieder zu Hause ein. Kaum angekommen, beginnen die Männchen auch schon mit ihrem spektakulären Balzflug, bei dem sie in der Luft ihre Flügel bis zu zehn Mal hintereinander über dem Rücken zusammenklatschen. Ihren Horst bauen die Vögel möglichst weit vom Waldrand entfernt und polstern ihn mit grünen Zweigen gut aus. Anfang Juni werden dann meist zwei Eier gelegt, 45 Tage später schlüpfen die Küken und die Eltern graben wieder eifrig nach Wespen, um die hungrigen Schnäbel zu stopfen.

Mäusebussard

BIOLOGISCHER STECKBRIEF

Wissenschaftlicher Name
Buteo buteo

Familie
Habichtartige (Accipitridae)

Heimat
Eurasien

Lebensraum
Kleine Wälder mit angrenzenden offenen Landschaften

Größe
Bis 57 cm lang, bis 1,28 m Flügelspannweite

Nahrung
Kleinsäuger, Vögel, Reptilien, Regenwürmer

Der Mäusebussard verfolgt genau die gegenteilige Beutestrategie wie der hoch spezialisierte Wespenbussard: Er packt so ungefähr alles, was er zu greifen bekommt. Normalerweise sitzen Mäusebussarde geduldig auf einem Pfosten oder einem Ast, bis eine potenzielle Beute auftaucht. Oft sind das kleine Nagetiere wie Mäuse, aber auch Eidechsen und gerade aus dem Nest gekommene und noch ungeschickte Jungvögel erwischt der Mäusebussard. Gegen erfahrene Altvögel aber hat er kaum eine Chance, weil er kein schneller Jäger ist. Vielmehr gleitet er von seinem Ansitz zu der erspähten Beute und schlägt seine Krallen in das Opfer, wenn dieses ihn nicht rechtzeitig entdeckt hat. Eine beliebte Beute sind auch

Verkehrsopfer. Mäusebussarde warten vor allem im Winter gern an viel befahrenen Straßen, bis ein Tier von einem Auto überfahren wird. Nicht selten erwischt ihn beim Fressen dieser anscheinend leichten Beute dann aber leider selbst ein Auto oder ein Zug.

Für den Bestand ist dieser häufige Verkehrstod kein Problem, mit über einer Million Brutpaare ist der Mäusebussard der häufigste Greifvogel Europas. Zwar wurde auch diese Art oft abgeschossen. Allerdings endete die stärkste Phase der Jagd bereits im 19. Jahrhundert, weil dieser eher kleine Greifvogel nicht mehr als Jagdkonkurrent galt. Die wenigsten Jäger schießen schließlich auf Mäuse, der Mäusebussard wiederum erwischt nur äußerst selten ein junges Kaninchen. Bis heute haben sich die Mäusebussarde wieder kräftig vermehrt. In vielen Regionen leben heute ungefähr so viele von ihnen, wie das Gebiet auch ernähren kann.

Harpyie

BIOLOGISCHER STECKBRIEF

Wissenschaftlicher Name
Harpia harpyja

Familie
Habichtartige (Accipitridae)

Heimat
Zentral- und Südamerika

Lebensraum
Tropische und subtropische Wälder

Größe
Bis 1,15 m lang, bis 2,5 m Flügelspannweite

Nahrung
Faultiere, Affen

Mit bis zu zehn Kilogramm Gewicht und zwölf Zentimeter langen Fängen ist die Harpyie wohl der stärkste heute lebende Greifvogel, der aktiv jagt. Relativ kurze, aber sehr breite Flügel und ein langer Schwanz deuten auf hohe Wendigkeit im schnellen Flug hin. Genau diese Eigenschaften benötigt der riesige Greifvogel auch, wenn er mit 70 oder 80 Kilometern in der Stunde durch das Kronendach des

Regenwaldes fliegt. Die Beute kann bis zu neun Kilogramm wiegen. Alles was schwerer als vier Kilogramm ist, zerteilt die Harpyie allerdings mit ihrem stark gekrümmten, messerscharfen Schnabel, weil sie kein größeres Gewicht in ihren Klauen transportieren kann.

Männchen und Weibchen finden sich nur zur Brut zusammen und bauen ihren riesigen Horst mit oft 150 Zentimetern Durchmesser in den höchsten Bäumen des Waldes bis zu 70 Meter über dem Boden. Acht Wochen brütet das Weibchen, während das Männchen Nahrung herbeischafft. Auch nach dem Schlüpfen bleibt das Weibchen beim einzigen Küken und überlässt die Jagd seinem Partner. Erst nach sechs Monaten wird der Nestling flügge, wird aber danach noch viele Wochen von den Eltern gefüttert. Bei dieser langen Versorgungszeit können Harpyien nur in jedem zweiten Jahr brüten.

Wie viele dieser stärksten Greifvögel überhaupt noch leben, wissen auch Naturschutzorganisationen wie der WWF nicht. Weil aber der Regenwald zunehmend abgeholzt wird und damit der Lebensraum der Harpyie verschwindet, dürfte der Bestand stark abnehmen. Deshalb versucht der WWF, möglichst große Regenwaldgebiete in Zentral- und Südamerika unter Schutz zu stellen, um das Überleben dieser Art zu sichern.

Schwarzmilan

BIOLOGISCHER STECKBRIEF

Wissenschaftlicher Name
Milvus migrans

Familie
Habichtartige (Accipitridae)

Heimat
Europa, Asien, Afrika und Australien

Lebensraum
Je nach Region unterschiedliche Landschaften

Größe
Bis 66 cm lang, bis 1,53 m Flügelspannweite

Nahrung
Alles Greifbare

Neben dem Fischadler gehört der Schwarzmilan zu den am weitesten verbreiteten Greifvögeln. Außer in Amerika und der Antarktis kann man ihn auf allen Kontinenten im niedrigen Suchflug nach Beute oder Aas spähen sehen. Der Vogel von der Größe eines Mäusebussards könnte daher durchaus der häufigste Greifvogel der Welt sein.

Je nach Weltgegend bevorzugen Schwarzmilane völlig unterschiedliche Lebensräume von Mangrovenwäldern und Auenlandschaften bis zu Gebirgssteppen. Die afrikanischen Vögel leben oft am Rande von Siedlungen. Dort durchwühlen Schwarzmilane die Müllkippen nach Essbarem, während sie in Europa meist tote oder lebende Fische aus dem Wasser holen und daher oft in der Nähe von Gewässern zu finden sind. In anderen Regionen erwischen sie kleinere Vögel, Ratten und Mäuse, ernähren sich aber auch von Schnecken, Insekten, Amphibien und Reptilien. In West- und Zentralafrika wiederum sind Schwarzmilane halbe Vegetarier und fressen gern die Fruchtgehäuse der Ölpalme. Meist sind es Schwarzmilane, die als Erste bei Aas auftauchen. Viele dieser Vögel leben daher in der Nähe von viel befahrenen Straßen, Märkten und Schlachthäusern. Dort holen sie sich dann Fleisch oder ganze Fische von Marktständen. Einzelne Schwarzmilane haben sogar gelernt, Menschen ein Sandwich aus der Hand zu rauben und Fleisch vom heißen Grill zu stibitzen. Dieser Mundraub trifft aber nicht nur Menschen. Genauso häufig klauen Schwarzmilane auch Möwen und Bussarden sowie seltener Reihern, Ibissen, Störchen und Eisvögeln ihre Beute.

Rotmilan

BIOLOGISCHER STECKBRIEF

Wissenschaftlicher Name
Milvus milvus

Familie
Habichtartige (Accipitridae)

Heimat
Europa

Lebensraum
Offene Landschaften mit kleinen Gehölzen

Größe
Bis 73 cm lang, bis 1,71 m Flügelspannweite

Nahrung
Kleine Säugetiere, Vögel

Anders als der nahe verwandte Schwarzmilan brütet der etwas größere Rotmilan nur in Europa, die Hälfte des gesamten Bestandes legt seine Eier in Deutschland. Ähnlich wie sein Verwandter sucht auch der Rotmilan oft im Flug knapp über dem Boden seine Beute, die er dann ohne zu landen im Fliegen aufnimmt. Manchmal holen sich Rotmilane auch Fische, die knapp unter der

Wasseroberfläche schwimmen. Getötet wird die Beute aber nicht mit den Krallen, sondern mit kräftigen Schnabelhieben. Oft laufen diese Greifvögel auch über Äcker und Wiesen, dabei greifen sie sich Regenwürmer und Insekten. Überfahrene Tiere, sonstiges Aas und Müllhalden sind beim Rotmilan zwar weniger beliebt als beim Schwarzmilan, machen aber trotzdem einen Teil seiner Nahrung aus. Schon während beide Partner das Nest in hohe Bäume bauen, versorgt das Männchen sein Weibchen mit Nahrung. Erst drei Wochen nach dem Schlüpfen der Küken sucht dann auch das Weibchen wieder nach Fressbarem.

Probleme haben Rotmilane vor allem, wenn die Landwirtschaft intensiviert oder umgestellt wird. Dabei verschwindet oft auch ihre wichtigste Beute wie zum Beispiel der Hamster. Viele Rotmilane verunglücken auch in den Rotoren von Windkraftanlagen. Die Bestände gehen daher zurück, insgesamt dürfte es noch um die 20 000 Paare in Europa geben.

Habicht

„Hühnerhabicht" – so ein Spitzname – lässt für das Image eines geflügelten Jägers nichts Gutes vermuten. Und tatsächlich gehört der graue Vogel mit der braun und hell gestreiften Brust zu den Arten, die in Europa früher gnadenlos verfolgt wurden. Landwirte und Taubenzüchter, Kleintierhalter und Jäger waren auf den Habicht gleichermaßen schlecht zu sprechen. Denn er hatte es auf Beute abgesehen, die man ihm nur ungern überlassen wollte.

BIOLOGISCHER STECKBRIEF

Wissenschaftlicher Name
Accipiter gentilis

Familie
Habichtartige (Accipitridae)

Heimat
Gemäßigte Zonen der Nordhalbkugel

Lebensraum
Wälder, Kulturlandschaften, auch in Siedlungen

Größe
48 bis 61 cm lang, 98 bis 117 cm Flügelspannweite

Nahrung
Vögel, kleinere Säugetiere

Habichte haben einen sehr vielseitigen Speisezettel, auf dem Vögel eine wichtige Rolle spielen. Vom kleinen Singvogel bis zur Gans können sie alle möglichen Arten zur Strecke bringen, darunter eben auch Hausgeflügel, Zuchttauben oder die in der Jagdszene beliebten Fasane. Auch vor ziemlich großen und wehrhaften Opfern wie Sperbern, Turmfalken, Mäusebussarden und Eulen schrecken sie nicht zurück. Denn mit ihren langen Beinen und sehr kräftigen, krallenbewehrten Zehen sind sie äußerst erfolgreiche Jäger. Sie packen ihre Beute und bohren so lange ihre dolchartigen Krallen in ihren Körper, bis sie sich nicht mehr bewegt. Neben Vögeln können sie so auch Säugetiere bis etwa zur Größe eines jungen Hasen töten.

Um ihre Opfer zu überraschen, fliegen die gefiederten Jäger oft dicht über den Boden und nutzen jede Deckung aus. Deshalb haben sie eine Vorliebe für abwechslungsreiche Landschaften mit vielen Hecken und Gehölzen. Ihre Brutgebiete liegen meist im Wald. Sonderlich spezielle Ansprüche haben die Vögel also nicht, sie haben den größten Teil der gemäßigten Zonen auf der Nordhalbkugel besiedelt. Allerdings wurden sie in vielen europäischen Ländern noch bis in die 1960er-Jahre massenweise abgeschossen, sodass zahlreiche Bestände stark schrumpften. Seit den 1970er-Jahren aber steht die Art vielerorts unter Schutz, wodurch sich die Bestände wieder erholt haben.

Sperber

Einen Sperber auf den Fersen zu haben, muss für Singvögel ein Alptraum sein. In rasanten Verfolgungsjagden stellen die kleinen Jäger ihrer fliegenden Beute nach, abrupte Richtungswechsel sind kein Problem. Manchmal verfolgen sie ihre Opfer sogar bis in Innenräume oder schießen zwischen den Streben eines Futterhäuschens hindurch. Trotz allem aber gelingt es Spatzen, Drosseln, Finken oder Meisen häufig, sich irgendwo in dichtem Gebüsch in Sicherheit zu bringen. Ornithologen schätzen, dass Sperber nicht einmal fünf Prozent ihrer Attacken zu einem erfolgreichen Abschluss bringen. Manchmal lassen sie sich im Eifer des Gefechtes sogar zu so waghalsigen Luftmanövern hinreißen, dass sie bei der Jagd verunglücken.

Das ist allerdings nicht der Grund dafür, dass die Vögel Mitte des 20. Jahrhunderts vielerorts selten geworden waren. Wie zahlreiche andere Greifvögel wurden auch Sperber vor allem zwischen Mitte des 18. und Mitte des 20. Jahrhunderts häufig abgeschossen. Zunächst aber konnten die meisten

BIOLOGISCHER STECKBRIEF

Wissenschaftlicher Name
Accipiter nisus

Familie
Habichtartige (Accipitridae)

Heimat
Europa, Asien

Lebensraum
Landschaften mit Offenflächen, Nadel- und Mischwäldern, Siedlungen

Größe
28 bis 38 cm lang, 60 bis 75 cm Flügelspannweite

Nahrung
Kleinvögel

Bestände ihre Größe einigermaßen halten. Nach wie vor brüteten die Tiere in abwechslungsreichen Landschaften mit offenen Flächen, Nadel- und Mischwäldern, ihr Verbreitungsgebiet erstreckte sich über weite Teile Europas und Zentralasiens bis nach Ostsibirien und Japan. Dann aber brachen viele europäische Populationen in den 1950er und 1960er-Jahren zusammen. Eine schleichende Vergiftung mit dem Pestizid DDT hatte zu brüchigen Eiern und ausbleibendem Nachwuchs geführt. Seit der Einsatz des berüchtigten Mittels in den 1970er-Jahren vielerorts verboten wurde, haben sich die kleinen Vogeljäger aber wieder erholt. Inzwischen kann man ihre waghalsigen Flugmanöver auch in vielen Städten beobachten.

Rohrweihe

Über den dichten Röhrichten am Rand von Seen, Mooren, Flüssen oder Meeresbuchten spielt sich im Frühjahr ein eindrucksvolles Schauspiel ab: Männliche Rohrweihen versuchen mit Sturzflügen, Scheinattacken und anderen rasanten Manövern die Weibchen zu beeindrucken. Beobachten lässt sich diese Kunstflugdarbietung sowohl in Deutschland als auch in großen Teilen des übrigen Europa, in Nordafrika und Asien. Auch auf Neuguinea,

BIOLOGISCHER STECKBRIEF

Wissenschaftlicher Name
Circus aeruginosus

Familie
Habichtartige (Accipitridae)

Heimat
Europa, Nordafrika, Asien

Lebensraum
Röhrichte

Größe
48 bis 55 cm lang, 1,1 bis 1,25 m Flügelspannweite

Nahrung
Vögel, kleine Säugetiere, Fische, Frösche, Eidechsen, Insekten

Madagaskar, Réunion und den Komoren kommen die Vögel vor. Den Winter verbringen viele Tiere im Mittelmeerraum, in Afrika oder Indien.
Zu Beginn des 20. Jahrhunderts war die Art allerdings vielerorts selten geworden. Jäger hatten die Vögel seit dem 18. Jahrhundert gnadenlos verfolgt und zu allem Überfluss wurden auch zahlreiche Röhrichte trockengelegt, sodass die Rohrweihen ihre Kinderstuben und Jagdreviere verloren. Viele Bestände der Art schrumpften daraufhin dramatisch, in Großbritannien wurde sie sogar ganz ausgerottet. Doch seit den 1970er-Jahren geht es mit den Vögeln in vielen Ländern wieder bergauf. Immer weniger Schützen legen auf die zutraulichen Greifvögel an und auch ihre Belastung mit giftigen Pestiziden hat deutlich nachgelassen.
Und so sieht man heute wieder Rohrweihen in ihrer typischen Haltung mit den v-förmig nach oben gestreckten Flügeln über die Röhrichte fliegen und nach Beute suchen. Sonderlich wählerisch sind sie dabei nicht. Singvögel und junge Wasservögel schlagen sie ebenso wie Mäuse und Ratten, Fische, Frösche, Eidechsen und Insekten. In der Brutzeit müssen die Männchen ihre Partnerin und den Nachwuchs allein versorgen. Also heißt es, soviel Beute wie möglich machen. Wenn der erfolgreiche Jäger dann zum Nest zurückkommt, kann man ein weiteres akrobatisches Schauspiel beobachten: Das Männchen lässt seine Beute fallen und seine Partnerin fängt die nächste Mahlzeit mit den Füßen aus der Luft.

Kornweihe

BIOLOGISCHER STECKBRIEF

Wissenschaftlicher Name
Circus cyaneus

Familie
Habichtartige (Accipitridae)

Heimat
Europa, Nordafrika, Asien, Nordamerika

Lebensraum
Röhrichte, Moore, Heiden, Trockenrasen, Agrarlandschaften

Größe
43 bis 50 cm lang, 1 bis 1,2 m Flügelspannweite

Nahrung
Mäuse, Vögel, Frösche, Eidechsen, Insekten

Wie Rohrweihen leben auch Kornweihen gern in ausgedehnten Röhrichten. Anders als ihre Verwandten können sie sich aber auch mit Heiden, Trockenrasen, Mooren und Agrarlandschaften anfreunden. Oft gehen sie über Wiesen und Äckern auf die Jagd und bringen dabei vor allem Mäuse und Vögel zur Strecke. In manchen Regionen stellen sie aber auch gern jungen Kaninchen, Eidechsen, Fröschen und Insekten nach.

Alle Flexibilität hat die Vögel aber nicht vor einem massiven Rückgang gerettet. Selbst als Mitte des 20. Jahrhunderts immer weniger Tiere abgeschossen wurden, schrumpften die Bestände weiter. Denn Landwirtschaft, Torfindustrie und

Wasserwirtschaft zerstörten immer mehr ihrer Lebensräume. Während Kornweihen früher in ganz Europa, in Nordafrika, Westasien und Nordamerika brüteten, sind heute daher vor allem in Mitteleuropa nur noch ein paar Restbestände geblieben. In Deutschland gibt es wohl nicht einmal 50 Brutpaare, die Tiere stehen als „vom Aussterben bedroht" auf der Roten Liste.

Nur noch selten hat man also die Gelegenheit, den spektakulären Balzflug der Kornweihen zu beobachten. Gemeinsam zeichnen das stahlblaue Männchen und braune Weibchen dabei kunstvoll ineinander verschlungene Figuren an den Himmel, die das Männchen zwischendurch mit spektakulären Sturzflügen unterbricht. Kornweihenmännchen begnügen sich allerdings nur in jungen Jahren mit einer einzigen Partnerin. Später haben sie in der Regel einen Harem aus mindestens zwei, manchmal aber auch bis zu sechs Weibchen. Das hat auch seine Nachteile. Denn den größten Teil des Futters für die brütenden Weibchen und den gesamten Nachwuchs muss das Männchen allein heranschaffen. Da der gestresste Vater aber nicht unbegrenzt Beute machen kann, zieht bei größeren Harems jedes Weibchen nur einen Jungvogel groß. Bei monogamen Paaren dagegen sitzen fast immer zwei oder drei Küken im Nest.

Wiesenweihe

BIOLOGISCHER STECKBRIEF

Wissenschaftlicher Name
Circus pygargus

Familie
Habichtartige (Accipitridae)

Heimat
Europa, Nordafrika, Asien

Lebensraum
Feuchtgebiete, Agrarlandschaften

Größe
43 bis 50 cm lang, 98 bis 110 cm Flügelspannweite

Nahrung
Mäuse, kleine Vögel, Frösche, Eidechsen, Insekten

Wie viele ihrer Verwandten hatten auch die Wiesenweihen in den letzten Jahrzehnten mit der Zerstörung ihrer Lebensräume zu kämpfen. Die schlanken Vögel, die von Südwesteuropa und Nordafrika bis nach Sibirien zu Hause sind, bauten ihre Bodennester früher vor allem in Mooren und anderen Feuchtgebieten. Viele dieser Lebensräume aber wurden vor allem seit den 1950er-Jahren trockengelegt. Prompt gingen die Bestände der Tiere massiv zurück.

Dann aber gingen immer mehr mitteleuropäische Wiesenweihen dazu über, auf Landwirtschaftsflächen zu brüten. In Deutschland suchen sich viele der eleganten Flieger inzwischen Felder mit Wintergerste als Kinderstube aus und gehen über Wiesen und Äckern auf die Suche nach interessanter Beute. Da die grazilen Vögel größere Beutetiere nicht wegtragen können, stellen sie vor allem handlichen Opfern wie Mäusen, kleinen Vögeln, Eidechsen, Fröschen und Insekten nach. Ihren Hunger können sie so

auch in der Agrarlandschaft stillen. Das Problem ist nur, dass dort schon Ende Juni die Mähdrescher ausrücken und mit der Ernte beginnen. Zahlreiche Jungvögel, die dann noch hilflos in ihren Bodennestern sitzen, fallen den Maschinen zum Opfer. Doch auch auf Reisen haben die zierlichen Greifvögel etliche Gefahren zu bestehen. Wiesenweihen sind Zugvögel, die den Winter in Afrika südlich der Sahara verbringen. Dort schlafen sie gern in Baumwollplantagen, wo sie sich häufig eine Vergiftung mit Pflanzenschutzmitteln einhandeln. Und auf der Route zwischen Sommer- und Winterquartier fallen immer noch etliche Wiesenweihen Gewehren zum Opfer. Das alles führt dazu, dass sich die Bestände der eleganten Jäger zwar in einigen Regionen erholt haben, in anderen aber immer noch schrumpfen. In Deutschland gilt die Art mit 250 bis 300 Brutpaaren nach wie vor als vom Aussterben bedroht.

Schmutzgeier

BIOLOGISCHER STECKBRIEF

Wissenschaftlicher Name
Neophron percnopterus

Familie
Habichtartige (Accipitridae)

Heimat
Südeuropa, Afrika, Asien

Lebensraum
Felslandschaften, Steppen, Savannen, Flussufer, Müllkippen, Siedlungen

Größe
60 bis 70 cm lang, 1,58 bis 1,63 m Flügelspannweite

Nahrung
Aas, Abfälle

Schmutzgeier sind die Zwerge unter Europas Geiern. Mit gerade einmal 60 bis 70 Zentimetern Größe und einer Flügelspannweite von gut anderthalb Metern können sie sich bei Weitem nicht mit der majestätischen Gestalt eines Bart- oder Gänsegeiers messen. Und auch in vielen anderen Teilen ihres Verbreitungsgebietes, das neben Südeuropa auch große Teile Afrikas nördlich des Äquators, die Kanarischen und Kapverdischen Inseln, die Arabische Halbinsel sowie Südwest- und Südasien umfasst, leben deutlich größere Vertreter ihrer Verwandtschaft.
Das aber hat Konsequenzen für den Lebensstil der kleinen Aasfresser. Ihr Schnabel ist einfach nicht kräftig genug, um einen großen Kadaver aufzubrechen. Also warten sie oft im Hintergrund ab, bis größere Geier, Hyänen oder Löwen ihre Mahlzeit beendet haben und klauben dann die Reste zusammen.

Kleine Geier, großer Hunger

Oft begnügen sich die Schmutzgeier aber auch gleich mit handlichen Mahlzeiten wie toten Ratten, Eichhörnchen, Kröten oder Schlangen. Auch Eier sind eine beliebte Beute. Um die harte Schale eines Straußeneies zu zerbrechen, setzen die findigen Vögel sogar Steine als Hammer ein. Schmutzgeier sind aber auch bekannt dafür, dass sie systematisch Müllkippen nach Fressbarem absuchen und so gut wie alles verschlingen, was auch nur entfernt an Nahrung erinnert. Sogar vor Kot schrecken sie nicht zurück. Dabei sind die Tiere extrem gut darin, mögliche Nahrungsquellen aufzuspüren. Ihre Augen sind so scharf, dass sie aus einem Kilometer Flughöhe sogar einen gerade einmal fünf Zentimeter großen Snack erspähen können.

Das klappt allerdings nur in übersichtlichem Gelände. Schmutzgeier leben daher gern in offenen Felslandschaften, in Savannen, Steppen und an Flussufern. Auch Städte und Dörfer sind beliebt. Vielerorts aber gehen die Bestände der Art zurück. Neben direkter Verfolgung und Vergiftung hat dazu vor allem eine verbesserte Hygiene beigetragen. Wo nicht mehr überall Müll und tote Tiere herumliegen, findet der Schmutzgeier einfach weniger zu fressen.

Gänsegeier

Hoch über der felsigen Landschaft zeichnen sich mächtige Silhouetten am Himmel ab. Gänsegeier finden sich gern in Gruppen zusammen, um gemeinsam nach Aas zu suchen. Dabei zieht sich der Trupp so weit auseinander, dass die Vögel einerseits ein möglichst großes Gebiet abdecken, andererseits aber zu ihren Nachbarn Blickkontakt halten können. Viel entgeht den Tieren auf diese Weise nicht: Gänse-

BIOLOGISCHER STECKBRIEF

Wissenschaftlicher Name
Gyps fulvus

Familie
Habichtartige (Accipitridae)

Heimat
Südeuropa, Nordafrika, Asien

Lebensraum
Vor allem Berglandschaften

Größe
95 bis 105 cm lang, 2,55 bis 2,8 m Flügelspannweite

Nahrung
Aas

geier können aus knapp 3700 Metern Höhe mühelos ein 30 Zentimeter großes Objekt am Boden entdecken. Hat eines der Schwarmmitglieder etwas Interessantes erspäht, setzt es zur Landung an und gibt damit seinen Kollegen das Zeichen, ihm zu folgen. Dabei interessieren sich die Vögel vor allem für die Kadaver von größeren Säugetieren wie etwa Rindern. Sobald sie deren Haut mit ihrem kräftigen Schnabel aufgerissen haben, verzehren sie Muskelfleisch und Eingeweide. Haut, Knochen und Sehnen lassen sie übrig.

Diese Nahrungsvorlieben haben die mächtigen Vögel in Schwierigkeiten gebracht. Denn vor allem in Europa liegt heutzutage einfach nicht mehr genug Aas für sie herum. Der Nahrungsmangel und die früher häufigen Abschüsse haben dazu geführt, dass die Art vielerorts verschwunden ist. Ihr Verbreitungsgebiet reicht heute vom Mittelmeerraum über die Arabische Halbinsel bis nach Zentralasien und Indien. Allerdings scheinen die Tiere in letzter Zeit auch in einige andere Regionen zurückzukehren. So hatten Wiederansiedlungsprogramme in Frankreich Erfolg, auch in Österreich und der Schweiz leben wieder etliche zugewanderte Gänsegeier. Im Sommer 2007 tauchten zwischen dem Schwarzwald und der Ostseeküste vorübergehend ungewöhnlich viele Exemplare auf. Vermutlich stammten sie aus dem recht großen spanischen Bestand und hatten in ihrer Heimat nicht mehr genug zu Fressen gefunden.

Weißrückengeier

Ein enger Verwandter des Gänsegeiers ist der afrikanische Weißrückengeier. In vielen Regionen südlich der Sahara segeln diese bräunlich-grauen Vögel in großen Gruppen hoch über Savannen und Farmland und halten Ausschau nach Beute. Hat einer den Kadaver eines Büffels, Zebras oder Rindes entdeckt, dauert es meist nicht lange, bis weitere Artgenossen eintreffen und am Fleisch des verendeten Tieres zerren.

BIOLOGISCHER STECKBRIEF

Wissenschaftlicher Name
Gyps africanus

Familie
Habichtartige (Accipitridae)

Heimat
Afrika südlich der Sahara

Lebensraum
Savannen

Größe
85 cm lang, 2,2 m Flügelspannweite

Nahrung
Aas

Allerdings haben auch die afrikanischen Geier mit ähnlichen Problemen zu kämpfen wie ihre europäischen Kollegen. Immer mehr Savannen werden in Farmland umgewandelt, die Zahl der wild lebenden Huftiere sinkt. Dadurch liegt weniger Aas herum, das die Tiere fressen könnten. Zudem werden immer wieder Vögel abgeschossen und etliche fallen auch Vergiftungen zum Opfer, weil sie mit dem Tierarzneimittel Diclofenac behandelte Kadaver gefressen haben. Viele Bestände des einst so häufigen Geiers schrumpfen daher. Die Weltnaturschutzunion IUCN befürchtet, dass die Art demnächst als bedroht eingestuft werden muss.

Mönchsgeier

Zähe Haut, schwer verdauliche Sehnen, kleine Knochen? Für Mönchsgeier kein Problem. Die mächtigen, dunkelbraunen Vögel können mit ihrem kräftigen Schnabel so gut wie alles fressen, was ein totes Beutetier hergibt. Wie bei den meisten Geiern steht Aas auf ihrem Speiseplan ganz oben. Wenn sie einen interessanten Kadaver entdeckt haben, können sie andere Vertreter ihrer Verwandtschaft

BIOLOGISCHER STECKBRIEF

Wissenschaftlicher Name
Aegypius monachus

Familie
Habichtartige (Accipitridae)

Heimat
Südeuropa, Zentralasien

Lebensraum
Gebirge, aber auch Hochebenen und Flachland

Größe
1 bis 1,1 m lang, bis 2,95 m Flügelspannweite

Nahrung
Aas, kleinere Säugetiere, Eidechsen, Schildkröten

leicht vertreiben – mit einem mehr als einen Meter großen Konkurrenten mit knapp drei Metern Spannweite will sich in der Regel niemand anlegen. In Ausnahmefällen können die riesigen Vögel allerdings durchaus auch lebende Beute zur Strecke bringen. Wenn sie nicht genug Aas finden, reichern sie ihr Menu eben mit selbst gejagten Schildkröten, Eidechsen, Eichhörnchen oder Murmeltieren an.

Mönchsgeier kommen eigentlich überall dort vor, wo sie einerseits genügend Nahrung und andererseits gute Aufwinde finden, mit deren Hilfe sie in die Höhe steigen können. Wie viele ihrer Verwandten haben sie im 20. Jahrhundert allerdings stark unter Nahrungsmangel gelitten: Vielerorts lag einfach nicht mehr so viel Aas herum wie in früheren Jahrhunderten. Das schlechte Image der großen Vögel hat zudem viele Menschen zum Gewehr greifen lassen, bis heute werden in einigen Regionen noch Mönchsgeier abgeschossen. Manche sterben auch an vergifteten Ködern, die eigentlich für Wölfe oder Füchse gedacht sind. Das alles hat dazu geführt, dass die Bestände des einst viel weiter verbreiteten Riesenvogels in Europa auf kümmerliche Reste geschrumpft sind. Dank intensiver Schutzmaßnahmen sind sie aber beispielsweise in Spanien und auf Mallorca wieder auf dem aufsteigenden Ast. Außer in Südeuropa kommen die Tiere auch noch in Zentralasien bis nach China, in die Mongolei, nach Nordindien und Südsibirien vor.

Bartgeier

BIOLOGISCHER STECKBRIEF

Wissenschaftlicher Name
Gypaetus barbatus

Familie
Habichtartige (Accipitridae)

Heimat
Europa, Nordafrika, Asien

Lebensraum
Gebirge

Größe
1 bis 1,15 m lang, 2,45 bis 2,8 m Flügelspannweite

Nahrung
Aas

Ein geflügeltes Ungeheuer, das sich aus der Luft auf seine Opfer stürzt und wahllos Lämmer und Kleinkinder entführt – der Bartgeier hatte jahrhundertelang ein denkbar schlechtes Image. „In Hundwyl (Appenzell) trug ein solcher verwegener Räuber ein Kind vor den Augen seiner Eltern und Nachbarn weg", berichtete der Schweizer Naturforscher Friedrich von Tschudi im Jahr 1890. Wegen solcher Horrorgeschichten wurde der Vogel in Europa jahr-

hundertelang verfolgt. Von den einst ziemlich großen Beständen in den Alpen und fast allen südeuropäischen Gebirgen blieben nur ein paar kümmerliche Reste in den Pyrenäen, auf dem griechischen Festland sowie auf Korsika und Kreta übrig.

Im Jahr 1978 aber starteten die Zoologische Gesellschaft Frankfurt, der WWF und verschiedene Zoos ein großes Zucht- und Wiederansiedlungsprogramm – mit Erfolg. Heute kreisen wieder um die 150 Bartgeier über den Alpen und etliche davon haben auch schon Nachwuchs in freier Wildbahn aufgezogen. Außer in Europa kommen die Tiere auch in Nordafrika, Kleinasien und dem Nahen Osten vor, weitere Artgenossen brüten im Kaukasus, in Zentralasien, der Mongolei und China.

Angst aber braucht vor den gewaltigen Vögeln, deren Flügel eine Spannweite von bis zu 2,8 Metern erreichen, niemand zu haben. Denn mit den kurzen, stumpfen Krallen an ihren Füßen können sie gar keine Beute schlagen. Auf ihrem Speiseplan steht nur Aas. Das aber verwerten sie sehr geschickt. Bartgeier können ganze Knochen herunterwürgen. Und wenn ihnen ein Stück doch zu sperrig ist, lassen sie es auf einen Felsen fallen, bis es zersplittert.

Andenkondor

BIOLOGISCHER STECKBRIEF

Wissenschaftlicher Name
Vultur gryphus

Familie
Neuweltgeier (Cathartidae)

Heimat
Südamerika (Anden)

Lebensraum
Hochgebirge

Größe
Bis 1,1 m lang, bis 3,2 m Flügelspannweite

Nahrung
Aas

In der dünnen Luft hoch über den südamerikanischen Anden kreisen eindrucksvolle Gestalten. Mächtige Greifvogelsilhouetten mit einer Spannweite von mehr als drei Metern zeichnen sich da am klaren Himmel ab. Der Andenkondor gehört zu den größten flugfähigen Vögeln, die es auf der Erde gibt. Kein Wunder, dass etliche südamerikanische Länder die majestätischen Tiere zu ihrem Nationalsymbol erkoren haben.

Spezialität: Aas

Wer das Glück hat, einen Kondor aus der Nähe zu sehen, erkennt die Ähnlichkeit mit den Geiern der Alten Welt: Aus einem glänzend schwarzen Gefieder mit einem weißen Halskragen ragt ein nackter Hals und ein ebenso federloser Kopf. Je nach Stimmung des Tieres verfärbt sich das Gesicht in verschiedenen Schattierungen von Rot. Allerdings haben die Geier nicht auf ihre Kopffedern verzichtet, um ihre Laune besser mitteilen zu können. Die Nacktheit ist vielmehr eine Frage der Hygiene. Andenkondore ernähren sich vor allem vom Aas größerer Tiere. Und wenn sie beim Fressen tief in einem Kadaver wühlen, sollen möglichst keine unappetitlichen Reste im Gefieder kleben bleiben. Die blanke Haut lässt sich einfach leichter reinigen, sie trocknet schneller und wird durch das starke UV-Licht in ihrem bis zu 5000 Meter hoch gelegenen Lebensraum desinfiziert.

Die typische Heimat der Kondore sind die Grasländer und Felsregionen des Andenhochlandes. Denn in diesen offenen, unbewaldeten Regionen ist es einfacher, ein totes Tier zu erspähen. An manchen Tagen fliegen die großen Vögel mehr als 200 Kilometer über die karge Landschaft und halten mit ihren scharfen Augen

Ausschau nach einem lohnenden Imbiss. Manchmal folgen sie auch kleineren Neuweltgeiern, die Aas anhand des Geruchs aufspüren können. Die haben durchaus nichts dagegen, ihre größeren Kollegen zu einem Kadaver zu führen. Denn ihre Schnäbel sind oft nicht kräftig genug, um die entdeckte Beute aufzubrechen. Da ist es praktisch, wenn der Kondor erst einmal Vorarbeit leistet. Ist der große Neuweltgeier fündig geworden, hält er sich nicht zurück. Manchmal frisst er so viel auf einmal, dass er nicht einmal mehr auffliegen kann.

Andenherrscher in Gefahr

Nicht jedes tote Tier ist allerdings eine bekömmliche Mahlzeit. Denn in einigen Regionen Südamerikas legen Menschen illegal vergiftete Köder aus, um Pumas oder Füchse zu bekämpfen. Das kann auch den Kondoren zum Verhängnis werden. Zudem werden die Aasfresser auch immer wieder abgeschossen, weil Bauern in ihnen eine Bedrohung für ihr Vieh vermuten. Große Verluste aber können sich die imposanten Geier nicht leisten. Denn sie werden mit bis zu 50 Jahren nicht nur sehr alt, sondern bekommen auch erst im Alter von fünf oder sechs Jahren zum ersten Mal Nachwuchs. Danach ziehen sie in der Regel nur einen einzigen Jungvogel im Jahr auf. So langlebige Arten, die sich nur langsam vermehren, reagieren besonders empfindlich auf menschliche Verfolgung. Daher gehen die Kondorbestände vielerorts bereits deutlich zurück.

Um diesen Trend wieder umzukehren, haben einige Länder wie Argentinien, Venezuela und Kolumbien Wiederansiedlungsprogramme gestartet. In US-amerikanischen Zoos wurden Kondore gezüchtet, die dann in Südamerika in die Freiheit entlassen wurden. Allerdings ist es gar nicht so einfach, einen lebenstüchtigen Kandidaten für so ein Projekt in menschlicher Obhut aufzuziehen. Damit sich die Küken nicht an Menschen gewöhnen, werden sie mit Handpuppen gefüttert, die ein wenig an einen Kondor erinnern. Und bevor sie freigelassen werden, verbringen sie drei Monate in einem Gehege, das ihrer neuen Heimat ähnelt. Dort können sie sich schon einmal auf ihre Rolle als Herrscher der Anden vorbereiten.

Kalifornischer Kondor

BIOLOGISCHER STECKBRIEF

Wissenschaftlicher Name
Gymnogyps californianus

Familie
Neuweltgeier (Cathartidae)

Heimat
Nordamerika

Lebensraum
Buschland, Graslandschaften, Nadelwälder

Größe
1,17 bis 1,35 m lang, bis 3 m Flügelspannweite

Nahrung
Aas

Auch Nordamerika hat seinen eigenen Neuweltgeier. Noch vor etwa 500 Jahren lebte der Kalifornische Kondor überall im Südwesten und an der Westküste der heutigen USA. In felsigem Buschland, in Nadelwäldern und mit Eichen bestandenen Graslandschaften zogen die mächtigen Vögel mit dem schwarzen Gefieder und dem nackten Hals ihre Jungen auf und suchten nach Aas.

Dann aber bekamen die von den Indianern hoch geschätzten und von Mythen umrankten Tiere ein ähnliches Problem, wie ihre südamerikanischen Kollegen. Da sie sich nur langsam vermehren, können ihre Bestände keine großen Verluste verkraften. Als ihnen daher immer mehr Menschen mit Gewehren auf die Federn rückten, brachen die Vorkommen vielerorts zusammen. Unter Jägern waren die majestätischen Vögel beliebte Zielscheiben und auch Rancher schossen die Tiere ab, wo sie konnten. Denn sie hatten die Geier als Viehdiebe in Verdacht, weil sie im-

mer einmal wieder an toten Kälbern oder Lämmern fraßen. Dass die Tiere sich nur von Aas ernähren, wollte so recht niemand glauben.

Neben den Gewehren kamen in neuerer Zeit weitere Gefahren hinzu. Kalifornische Kondore verendeten an Elektroleitungen oder holten sich beim Fressen von angeschossenem Wild eine Bleivergiftung durch Jagdmunition. Auch die Zerstörung ihrer Lebensräume und die illegalen Aktivitäten von Eiersammlern ließen ihre Bestände immer weiter schrumpfen. Der Kalifornische Kondor stand kurz vor dem Aussterben.

Eine neue Chance

Dann aber beschlossen Zoos, Naturschützer und die US-Regierung, den bedrohten Vögeln mit einem Zucht- und Wiederansiedlungsprogramm unter die Flügel zu greifen. Im Jahr 1987 wurde der letzte frei lebende Vertreter der Art eingefangen, um nicht auch noch diesen zu verlieren. Der gesamte Weltbestand umfasste jetzt nur noch 22 Vögel in menschlicher Obhut. In Zoos begannen Biologen nun mit dem mühsamen Geschäft der Kondorvermehrung. Sie nahmen den brütenden Paaren ihr erstes Ei weg, um sie zum Legen eines zweiten zu motivieren. Derweil wuchs das elternlose Küken im Brutschrank heran und wurde anschließend mit viel Mühe, Geduld und unter Einsatz von kondorförmigen Handpuppen aufgepäppelt. Derweil kümmerten sich die echten Eltern um das zweite Jungtier.

Die ersten Nachkommen aus dieser Zucht wurden 1991 und 1992 in Kalifornien freigelassen, weitere Artgenossen folgten 1996 in der Nähe des Grand Cañon. Zwar haben die Vögel in freier Wildbahn bisher nur wenig Nachwuchs zur Welt gebracht. Doch ganz allmählich werden die Bestände größer – gestützt von weiteren heranwachsenden Vögel aus dem Zuchtprogramm. Die Kondorschützer hoffen, dass der große Aasfresser in den USA wieder eine Zukunft hat. Noch aber sieht die Weltnaturschutzunion IUCN die Bestände als „kritisch gefährdet“ an.

Sekretär

BIOLOGISCHER STECKBRIEF

Wissenschaftlicher Name
Sagittarius serpentarius

Familie
Sekretäre (Sagittariidae)

Heimat
Afrika südlich der Sahara

Lebensraum
Savannen

Größe
Bis 1,5 m lang, 2,1 m Flügelspannweite

Nahrung
Schlangen, Eidechsen, Insekten, Kleinsäuger, Vögel

Einer der ungewöhnlichsten Greifvögel ist wohl der Sekretär, den Biologen deshalb auch prompt als einzigen Vertreter seiner Familie in eine eigene Schublade gesteckt haben. Schon sein Äußeres wirkt ziemlich skurril, ein mächtiger Adlerkörper scheint da auf langen Kranichbeinen durch die afrikanische Savanne zu eilen. Die Tiere bringen es auf eine eindrucksvolle Körpergröße von bis zu 1,5 Metern, ihre Spannweite erreicht 2,1 Meter. Die nackte Haut um ihre Augen leuchtet bis zum Schnabel in grellem Orangerot. Und um das extravagante Design komplett zu machen, sind da noch die langen schwarzen Federn am Kopf, denen die Tiere vermutlich ihren Namen verdanken. Angeblich erinnern sie damit an einen altertümlichen Sekretär, der sich ein Büschel Schreibfedern hinters Ohr gesteckt hat. Es gibt aber auch noch eine andere Theorie, wie der Sekretär zu seinem Namen kam. Möglicherweise stand dabei das arabische Wort „saqr-et-tair" Pate, das soviel wie „Jägervogel" bedeutet.

Familienleben

Klar ist jedenfalls, dass der Sekretär seinen dekorativen Kopfputz zu Werbungszwecken einsetzt. Denn beim Paarungsritual stellen die Vögel diese Federkrone auf. Das allein genügt allerdings nicht, um beim anderen Geschlecht zum Zuge zu kommen. Also wird auch noch ein spezieller Balzflug vorgeführt, der von allerlei Krächzen und Knurren begleitet ist. Der nächste Programmpunkt ist dann eine Verfolgungsjagd, die in gestrecktem Lauf über die Savanne führt. Ist das alles problemlos über die Bühne gegangen, schreiten die Vögel zur Paarung – und bleiben dann auch zusammen. Monogamie wird unter Sekretären groß geschrieben.

In der Krone eines Akazienbaumes legt das Weibchen zwei bis drei Eier in ein großes Nest aus lockeren Zweigen. 45 Tage lang muss der Nachwuchs dann ausgebrütet werden, eine Aufgabe, die ebenfalls größtenteils an der Mutter hängen bleibt. Am Füttern beteiligen sich jedoch dann beide Elternteile. Zunächst wird der flaumige Nachwuchs mit vorverdautem Nahrungsbrei versorgt, später gibt es dann unverdaute Fleischbröckchen. Zwischen 65 und 80 Tage dauert es, bis der geschlüpfte Nachwuchs flügge wird und mit einem beherzten Sprung aus dem Nest den Weg in die Selbstständigkeit antritt. Manche der Kleinen überschätzen ihre Fähigkeiten wohl noch etwas und müssen weiterhin eine ganze Weile von den Eltern versorgt werden. Meist aber lernen sie auf ersten begleiteten Jagdexpeditionen rasch, wie man Beute macht und allein überlebt.

Die Bodenjäger

Für einen Greifvogel nutzen die Sekretäre eine äußerst ungewöhnliche Jagdtechnik. Zwar können sie durchaus fliegen, ihrer Beute stellen sie aber lieber zu Fuß nach. Mit langen Schritten rennen sie oft paarweise oder in kleinen Familiengruppen über die Savanne und scheuchen dabei mit lautem Flügelschlagen allerlei Getier auf. Kleine Säugetiere sind für sie ebenso interessante Beute wie Insekten, Eidechsen, Schlangen oder junge Vögel. Haben sie ihr Opfer eingeholt, bringen sie es entweder mit einem gezielten Schnabelhieb zur Strecke. Oder sie trampeln so lange darauf herum, bis es das Bewusstsein verliert und verschlungen werden kann. Wissenschaftler vermuten, dass diese Fußtrittmethode eine uralte Jagdtechnik ist. Schon die „Terrorvögel", die bis vor etwa zwei Millionen Jahren in Südamerika lebten, haben vermutlich auf ähnliche Art Beute gemacht. Da zumindest manche Arten dieser urtümlichen Vögel ein Gewicht von 350 oder sogar 500 Kilogramm erreichten, konnten sie so vermutlich sogar einem Tier von der Größe einer Antilope die Knochen brechen. Davon kann ein heutiger Sekretär mit seinen vielleicht vier Kilogramm Gewicht nur träumen. Dennoch gilt er in vielen Regionen Afrikas als mächtiger und edler Vogel. Daher ziert er unter anderem die Wappen von Südafrika und des Sudan.

Greifvögel und Menschen

Obwohl die meisten Greifvögel weder Nutztiere erwischen noch für menschliche Jäger interessantes Wild nennenswert dezimieren, galten viele Arten bis weit in die Mitte des 20. Jahrhunderts als lästige Konkurrenten. Entsprechend eifrig wurden sie gejagt und so auch kräftig dezimiert. Oft holten auch Sammler die Eier aus den Nestern oder Trophäenjäger wollten sich Adlerfedern an den Hut stecken. Im 18. und 19. Jahrhundert zahlten Behörden, Jagdverbände, Tauben- oder Fasanenzuchtvereine häufig Prämien für den Abschuss der vermeintlichen „Schädlinge".

In Schweden wurden am Ende des 19. Jahrhunderts jedes Jahr mehr als 300 Adler erlegt, zwei Drittel davon waren Seeadler. Und mancher Verantwortliche rühmte sich voller Stolz, in seinem Gebiet die Greifvögel ausgerottet zu haben.

Vor allem die großen Arten wie der Bartgeier wurden dabei völlig zu unrecht des „Diebstahls" verdächtigt, gejagt und zum Beispiel in den Alpen ausgerottet. Denn alle Berichte, nach denen diese riesigen Greifvögel Lämmer im Gebirge attackieren und so lange vor sich hertreiben, bis sie in eine Schlucht stürzen, erwiesen sich als frei erfunden. Auch die Horrorgeschichten über von Geiern verschleppte Kinder gehören ins Reich der Legenden. Für die Vögel kam diese Erkenntnis allerdings vielerorts zu spät.

Falknerei

Doch nicht alle Jäger sahen in Greifvögeln nur unliebsame Konkurrenz. So kamen bereits vor 3500 Jahren die Nomaden in den Steppen Zentralasiens auf die Idee, die dort jagenden Greifvögel für ihre Zwecke einzusetzen. Menschliche Jäger haben auf diesen weiten Flächen nämlich schlechte Karten, weil es keinerlei Verstecke gibt und alle Tiere rechtzeitig fliehen. Daher nahmen wohl manche Nomaden Greifvogelküken aus den Nestern, zogen sie auf und richteten sie dann für ihre Jagd ab. Spätestens im Mittelalter erreichte diese Falknerei dann auch Europa.

Neben Falken steigen auch Steinadler, Wüstenbussarde, Habichte und Sperber für ihre menschlichen Besitzer auf. Der Vogel wartet zunächst beim Falkner, bis ein Jagdhund eine geflügelte Beute aufstöbert. Nachdem ihm die Falkenhaube vom Kopf genommen wurde, wird der Greifvogel hoch in die Luft geworfen und steigt bis in 100 oder 200 Meter Höhe. Auf ein Zeichen springt nun der Hund die in Deckung geduckte Beute an. Den auffliegenden Vogel erwischt ein Wanderfalke dann im typischen Sturzflug seiner Art.

Normalerweise jagt der Greifvogel so nur Tiere, die auch in der Natur in sein Beuteschema fallen. Manche Arten werden allerdings auch auf Beute trainiert, an die sie sich in Freiheit nie wagen würden. So richten Falkner in Zentralasien Steinadlerweibchen zur Jagd auf Wölfe ab. Dabei halten die Vögel die wehrhaften Vierbeiner allerdings nur fest, fürs Töten ist der Mensch zuständig.

Artenschützer kritisieren an der Falknerei, die auch heute noch in vielen Ländern der Welt ausgeübt wird, vor allem zwei Punkte: Die Haltung der Tiere kann kaum artgerecht erfolgen. Vor allem aber werden die Vögel nur sehr selten in Gefangenschaft gezüchtet, meist holen Falkner Eier und Küken aus der Natur – mit fatalen Folgen. So müssen vielerorts in Europa die Bruten des Wanderfalken rund um die Uhr bewacht

werden, weil sonst Eier oder bereits geschlüpfter Nachwuchs geraubt und an Eiersammler oder Falkner verkauft wird. Allein in Großbritannien sind 10 000 Greifvogelhalter registriert, die Nachfrage nach Jungvögeln ist daher enorm. Da in arabischen Ländern die Falknerei sehr prestigeträchtig ist, werden nach Schätzungen der Zollbehörden jedes Jahr zwischen 8000 und 10 000 Falken allein aus Deutschland in die Golfstaaten exportiert. Die wenigsten dieser Tiere dürften aus Aufzuchten in Gefangenschaft stammen. Dazu passt eine Zahl britischer Artenschützer, nach der dort die Hälfte aller Horste von Habichten ganz oder zumindest teilweise von Menschen geplündert werden.

Als in Frankreich in den 1990er-Jahren Falkner auffallend große Zuchterfolge meldeten und viele der Jungvögel exportierten, setzten die Behörden ein Gerücht in Umlauf: Mit genetischen Tests würden sie in Zukunft in Stichproben überprüfen, ob die gemeldeten Vögel wirklich von Tieren in Gefangenschaft abstammen. Daraufhin fiel die Zahl der angemeldeten Aufzuchten um beinahe 90 Prozent – offensichtlich waren die vorherigen Meldungen also zum großen Teil falsch.

Hungrige Steinadler

Manchmal bringen aber auch gut gemeinte Aktionen der Jäger Greifvögel in Schwierigkeiten. So brachten die zehn Steinadlerpaare in den Bayerischen Alpen in den 1990er-Jahren im Durchschnitt nur zwei Jungtiere im Jahr zum Ausfliegen. In Südtirol dagegen schafft es jedes zweite Steinadlerpaar sogar, zwei Jungtiere im Jahr flügge werden zu lassen.

Einen ersten Hinweis auf die Gründe für den schlechten Bruterfolg fand Henning Werth vom Bayerischen Landesbund für Vogelschutz (LBV), als er den Steinadlern bis in den Horst nachkletterte. Während die Vögel eigentlich ein fünfzehn Kilogramm schweres Tier erbeuten könnten, fanden sich im Allgäu bisweilen nur die

Überreste von Alpensalamandern und Maulwürfen in den Horsten. Mit solcher Hungernahrung aber begnügen sich Steinadler nur, wenn andere Beute knapp ist. Henning Werth rüstete daher einige Steinadler im Jahr 2000 mit Sendern aus. Damit ließ sich herausfinden, an welcher Stelle die Greifvögel Beute gemacht hatten. Ein Besuch dieser Orte brachte dann faustdicke Überraschungen: So kurven die Greifvögel mit ihren 2,2 Metern Spannweite offensichtlich geschickt durch dichten Wald und schlagen dort Rehkitze. Auch fressen sie gerne die Kadaver von Tieren, die ohne einen Adlerangriff zu Tode gekommen sind.

Als die Jäger im Allgäu aber die Schalenwildbestände drastisch reduzierten, um dem Jungwald eine Chance zu geben, fanden die Steinadler nicht nur weniger Rehe und Gämsen, sondern auch weniger Aas. Daher mussten sie auf andere Beute ausweichen und schlugen auch Ratten, Mäuse und Katzen. Das aber reicht nicht, um den Nachwuchs groß zu ziehen.

Ähnliche Probleme bekamen Geier mit den Hygienevorschriften in der Europäischen Union. Um den Rinderwahnsinn BSE zu bekämpfen, durften beispielsweise in Spanien seit Anfang des 21. Jahrhunderts keine Tierkadaver mehr liegen gelassen werden. „Artenschutzprogramme wie die Nachzucht und die Wiederansiedlung von Gänsegeiern

in Nordspanien bekamen dadurch rasch Probleme", berichtet Roberto Hartasanchez von der spanischen Naturschutzorganisation FAPAS, der gemeinsam mit der deutschen Organisation Euronatur und der Fluggesellschaft Lufthansa die großen Geier im Norden Spaniens wieder heimisch macht.

Auf Druck solcher Verbände lockerte die Europäische Union im März 2009 diese Vorschriften wieder. Seither kann Roberto Hartasanchez wieder ohne große Probleme Tierkadaver ausbringen, um die Gänsegeier in den Gebirgen der Region zumindest dann mit Aas zu versorgen, wenn die Küken gerade geschlüpft sind.

Der stumme Frühling

Manchmal aber mangelt es nicht an der Menge, sondern eher an der Qualität der Greifvogelbeute. So bekamen viele der geflügelten Jäger vor allem in den 1960er- und 1970er-Jahren massive Probleme durch Umweltgifte. Vor allem das als „DDT" bekannte Insektenvernichtungsmittel Dichlordiphenyltrichlorethan machte in diesem Zusammenhang von sich reden. Nach dem 2. Weltkrieg hatte diese Substanz einen Siegeszug um den Globus angetreten. Bauern bekämpften damit an der Ernte knabbernde Insekten, Gesundheitsbehörden gingen gegen malariaübertragende Mücken vor. DDT wirkte auf Säugetiere anscheinend nicht giftig, also hatte man kaum Bedenken, die Substanz einzusetzen, wo immer es nötig schien.

Plötzlich aber häuften sich erschreckende Befunde aus der Vogelwelt. Vor allem Greifvögel schienen plötzlich auszusterben, weil ihre Eier immer häufiger unter den brütenden Vögeln zerbrachen: Sobald in einer Region DDT eingesetzt wurde, nahm die Dicke der Eischalen um 20 Prozent ab. Da wundert es nicht, wenn der Wanderfalke in vielen Ländern Europas ausstarb und sogar die Wappentiere der USA und Deutschlands, Weißkopfseeadler und Seeadler durch DDT fast ausgerottet wurden. Der Mechanismus dieser Vergiftung konnte bald geklärt werden: Die Substanz lagert sich im Fett von Säugetieren, Vögeln und Fischen ein. Ein kleiner Fisch konzentriert so DDT aus der Umwelt in seinem Speck. Erbeutet ihn ein größerer Fisch oder Vogel, steigt die Konzentration weiter. Bei Vögeln am Ende der Nahrungskette wie den Wanderfalken oder dem mächtigen Seeadler finden sich daher die höchsten DDT-Konzentrationen und die stärksten Wirkungen. Deshalb waren vor allem Greifvögel von diesen schleichenden DDT-Vergiftungen besonders betroffen.

In den USA schrieb die Biologin Rachel Carson 1962 das Buch „Silent Spring“, das die Bevölkerung erstmals über die Wirkung von DDT auf Vogeleier aufklärte. Am Ende einer heftigen öffentlichen Diskussion wurde der Einsatz von DDT dort schließlich 1972 weitgehend verboten. Anstelle von DDT machen heute aber längst andere Gefahren der modernen Zivilisation Greifvögeln zu schaffen.

Zivilisationsopfer

Das tote Kaninchen auf dem Bahndamm verspricht leichte Beute. Also landet der Seeadler neben dem überfahrenen Tier, ohne die drohende Gefahr zu registrieren. Als er den heranrasenden Zug bemerkt, ist es zu spät. Zwar breitet der Adler seine mächtigen Schwingen aus und fliegt auf. Doch die mehr als zwei Meter Flügelspannweite werden Deutschlands größtem Greifvogel zum Verhängnis. Sie bieten eine große Angriffsfläche für den Sog des vorbeifahrenden Zuges, der das Tier unter die Räder reißt.

Solche Kollisionen mit Bahnfahrzeugen sind bei Deutschlands Seeadlern eine wichtige Todesursache, belegt eine Studie des Leibniz-Instituts für Zoo- und Wildtierforschung (IZW) in Berlin. Relativ häufig sind aber auch tödliche Unfälle an Stromleitungen. Denn die Greifvögel sitzen gern auf den Querträgern von Mittelspannungsmasten. Beim Abflug streifen sie mit ihren ausladenden Flügeln oft die Stromkabel und erleiden tödliche Schläge.

Die Berliner Tierärzte forschen auch nach den Todesursachen anderer Greifvögel. Dabei zeigen sich Unterschiede je nach Jagdtechnik und Verhalten der jeweiligen Art. Fischadler ertrinken zum Beispiel oft in Fischnetzen oder erleiden tödliche Schläge an Stromleitungen. Sperber fliegen bei ihrer Jagd auf Kleinvögel gegen Fensterscheiben, tote Mäusebussarde und Schleiereulen finden sich oft entlang der Autobahnen. Sie kommen unter die Räder, während sie in den straßenbegleitenden Grasstreifen jagen oder Aas direkt von der Fahrbahn fressen. Und auch das Thema Gift ist für die Greifvögel noch nicht aus der Welt. Statt DDT sind es nun andere Substanzen, die ihr Leben bedrohen.

Spurensuche

Seit 1996 untersucht Oliver Krone vom Leibniz-Institut für Zoo- und Wildtierforschung (IZW) in Berlin verendete Seeadler. Bei rund einem Viertel der mehr als 500 bis zum Jahr 2009 in der Bundesrepublik Deutschland verendeten und gefundenen Wappenvögel unseres Landes diagnostizierte der Tierarzt eine Bleivergiftung.

Betroffen sind längst auch andere Greifvögel wie Rohrweihen und Rotmilane, Habichte und Mäusebussarde. In Österreich hat der Leiter des Richard Faust Zuchtzentrums Haringsee Hans Frey im Jahr 2008 sogar vier bleivergiftete tote Bartgeier gefunden. Die aber werden von der Zoologischen Gesellschaft Frankfurt (ZGF) und einigen anderen Naturschutzorganisationen dort für viel Geld wieder angesiedelt. 65 000 Euro kostet jeder einzelne der mehr als 150 Bartgeier, die zwischen 1986 und 2009 in den Alpen ausgesetzt wurden, berichtet der ZGF-Europa-Chef Wolfgang Fremuth.

Wie aber kommt das giftige Schwermetall überhaupt in die Greifvogelkörper? In langwieriger Detektivarbeit haben IZW-Forscher Oliver Krone und andere Wissenschaftler dieses Rätsel gelöst. So zeigen Röntgenuntersuchungen in ungefähr jedem zweiten der untersuchten, bleivergifteten

Seeadler Bleipartikel im Magen. Als der Mineraloge Klaus Mezger von der Universität Münster mit einer sogenannten „Isotopenanalyse“ die Zusammensetzung dieser Splitter mit dem Blei in herkömmlicher Munition verglich, fand er keine Unterschiede. Auch der Pathologe Ludwig Jonas von der Universität in Rostock analysierte die Bleistückchen aus den Adlermägen mit allen zur Verfügung stehenden Mitteln von der Elektronenmikroskopie bis zur „Energiedispersiven Röntgenmikroanalyse“ EDX. Immer wieder erhielt er das gleiche Ergebnis: „Es handelt sich eindeutig um Blei aus Jagdmunition“, erklärt der Wissenschaftler. Er erkennt das an der Oberfläche der Metallstückchen. Dort entstehen beim Schuss und beim Auftreffen auf das Ziel charakteristische Verformungen. Feuert der Jäger zum Beispiel eine Schrotpatrone ab, drückt jede einzelne Schrotkugel kleine Dellen in die Oberfläche ihrer Nachbarn. „Unter dem Elektronenmikroskop sieht die Oberfläche dieser Kugeln aus wie eine Mondlandschaft", sagt Jonas. Die meisten Adler hatten allerdings kein Schrot im Magen, sondern die Reste von sogenannten Teilmantelgeschossen.

Ein Kern aus Blei gibt diesen Projektilen das nötige Gewicht für eine erhebliche Durchschlagskraft, ein harter Mantel aus Messing sorgt für Stabilität. Trifft das Geschoss, zerlegt es sich beim Aufprall praktisch selbst. Als Oliver Krone den Kadaver eines jungen Wildschweins im Computertomografen untersuchte, entdeckte er weit um den Schusskanal herum Bleisplitter aus dem Teilmantelgeschoss.

Dieser Splittereffekt sorgt für größere Wunden und damit für einen schnelleren Tod, auch wenn der Jäger keinen Blattschuss setzt. Für den Seeadler aber werden

die Splitter zur tödlichen Gefahr. Denn gerade im Winter ist Aas für ihn eine wichtige Nahrungsquelle. Da kommt das geschossene Wild gerade recht. Zumindest die inneren Organe lassen die Jäger als sogenannten „Aufbruch" zurück. Schluckt der Adler beim Fressen einer solchen

Beute Bleisplitter, löst seine scharfe Magensäure Bleichloride vom Schwermetall ab. Die Bleiteilchen wandern über das Blut zu Leber und Nieren, am Ende werden sie in den Knochen abgelagert.

An Gelegenheiten, die gefährlichen Munitionsreste zu verschlingen, fehlt es den Vögeln offenbar nicht. So werden in Deutschland jedes Jahr insgesamt um die 1,8 Millionen Rehe, Hirsche und Wildschweine geschossen. „Dabei fallen mindestens 3,6 Millionen Kilogramm Innereien an, die irgendwo in Wald und Feld herumliegen", schätzt Oliver Krone. Eine weitere Bleiquelle sind angeschossene Huftiere, die sich noch in ein Versteck schleppen können und dort verenden. Und auch mit Schrot verletzte, aber nicht tödlich getroffene Wasservögel tragen reichlich Blei durch die Gegend. Das haben IZW Forscher beim Röntgen von Gänsen festgestellt, die eigentlich für Untersuchungen im Rahmen einer Studie zur Vogelgrippe gefangen worden waren.

Bleifreie Jagd

Solche Untersuchungen ließen den Präsidenten des Deutschen Jagdschutz-Verbandes (DJV) Jochen Borchert bereits im Jahr 2005 in die Offensive gehen: „Ich habe die Jäger zu Sofortmaßnahmen aufgefordert, um den möglichen Tod von Adlern durch Blei aus Munition zu verhindern." Seither sollen die Waidmänner den Aufbruch an Ort und Stelle vergraben. Volker Spicher vom Müritz-Nationalpark bezweifelt den Sinn dieser Maßnahme: „Ist der Boden im Winter gefroren, kann man den Aufbruch schlecht vergraben!" Außerdem entkommen ohnehin rund zehn

Prozent des angeschossenen Schalenwildes vom Wildschwein bis zum Reh dem Jäger und werden bald zum Futter für Seeadler und andere Greifvögel. Trotzdem aber will der DJV die seit 20 Jahren in den USA und inzwischen auch in Deutschland hergestellte bleifreie Munition nicht empfehlen, weil sie noch nicht ausreichend erprobt sei.

Volker Spicher ist da anderer Ansicht. Der Nationalparkmitarbeiter ist nämlich selbst Jäger und zusammen mit 13 Kollegen bereits 2004 und 2005 auf bleifreie Munition umgestiegen. Nach rund 200 bis zum Jahr 2008 erlegten Tieren stellten die Jäger lapidar fest: 95 Prozent der bleifreien Schüsse haben das Wild mit einer einzigen Patrone erlegt, besser ist die Quote auch mit herkömmlichen Teilmantelgeschossen kaum. Das bestätigt auch IZW-Forscherin Anna Trinogga, die geschossene Tiere mit Röntgenapparaten und Computertomografen untersucht hat. In der „Tötungsfunktion" findet sie praktisch keine Unterschiede zwischen Munition mit und ohne Blei. Eigentlich wollte der Müritz-Nationalpark daher die Jagd längst auf bleifrei umstellen, wenn da nicht am 22. Juli 2008 das Land Mecklenburg-Vorpommern zumindest den Jägern in seinen Diensten die bleifreie Munition verboten hätte.

Ein ähnliches Verbot für „bleifrei" gibt es auch im Bundesland Brandenburg, das vorher sogar die bleihaltige Munition auf Grund der vorliegenden Indizienbeweise verboten hatte. In beiden Bundesländern wurde die 180-Grad-Kehrtwende durch eine Mitteilung der Deutschen Versuchs- und Prüfanstalt für Jagd- und Sportwaffen (DEVA) ausgelöst, dass bleifreie Munition gefährlich für den Jäger selbst sei, weil sogenannte Abpraller ihn treffen könnten.

Allerdings könnten auch die bleihaltigen Teilmantelgeschosse den Menschen mittelbar gefährden. Da sich Geschosssplitter im getroffenen Wild kräftig verteilen, könnte auch das in der Jägerfamilie oder bei anderen Konsumenten auf den Tisch kommende Fleisch Bleipartikel enthalten. Das Schwermetall ist aber auch für Menschen hochgiftig, vor allem bei Kindern hat es fatale Auswirkungen: Blei beeinflusst die geistige Entwicklung und verringert die Intelligenz. Zumindest im Tierversuch verursacht Blei auch Krebserkrankungen. Daher ist Blei inzwischen

vielerorts aus der Technik verschwunden, selbst Autoreifen und Felgen dürfen nicht mehr mit Bleigewichten ausgewuchtet werden. Nur die Jäger dürfen das giftige Schwermetall noch in der Umwelt verteilen – und damit den deutschen Wappenvogel zu einem qualvollen Tod verurteilen.

Die Rückkehr der Riesen

Greifvögel werden inzwischen mehr und mehr zur Touristenattraktion. Seit 1986 engagiert sich die ZGF für die hauptsächlich im Mittelmeergebiet brütenden Mönchsgeier. Evelyn Tewes und ihre Kollegen von der Mönchsgeierstiftung der ZGF haben die riesigen Vögel zum Beispiel auf Mallorca vor dem Aussterben gerettet. Um die Aasfresser zu unterstützen, sterilisieren und füttern sie auch streunende Katzen. Diese vergreifen sich damit seltener an Küken und anderen Haustieren, sodass die Mallorquiner auf die mittelmeerweit üblichen Giftköder verzichten, die in Griechenland, den Balkanländern, Italien, Frankreich, Spanien

und Portugal ein Riesenproblem für Geier sind. Auf Mallorca aber sterben inzwischen weniger Mönchsgeier an Strychnin aus vergiftetem Fleisch.
Auch eine uralte Tradition, die von Geografen „Transhumanz" genannt wird, hilft den Geiern auf der Iberischen Halbinsel. Wenn Ende Mai das Gras unter den Dehesa genannten lichten Steineichenwäldern im Süden und Westen Spaniens vertrocknet, brechen die Schäfer mit ihren Herden auf und ziehen mit dem Frühling nach Norden. Auf den bis zu 2500 Metern hoch gelegenen Sommerweiden unter den Gipfeln der Picos de Europa ganz im Norden der Iberischen Halbinsel bleiben sie dann bis zu den ersten Nachtfrösten. Bis zum Jahresende zieht die Herde wieder nach Süden, wo die Regenfälle des Herbstes wieder für frisches Futter sorgen. Stirbt unterwegs ein Tier, ist sein Kadaver ein gefundenes Fressen für die Geier.
Seit Anfang des 20. Jahrhunderts aber ersetzten zunehmend Güterwaggons und Lastkraftwagen die Wanderungen der Schafe und die Geier hungerten. Erst Mitte der 1990er-Jahre belebte der spanische Naturschützer Jesús Garzón unterstützt vom Autokonzern Daimler, der Naturschutzorganisation Euronatur in Radolfzell am Bodensee und der Zoologischen Gesellschaft Frankfurt die Transhumanz wieder und sorgte so für einen gedeckten Tisch für Geier.
Um den Aasfressern weiter zu helfen, zieht ZGF-Mitarbeiterin Evelyn Tewes Mönchsgeier in Gefangenschaft auf und gewöhnt sie langsam an das Leben in der freien Natur. Stehen keine geeigneten Paare zur Verfügung, kümmert sich die Biologin auch sehr direkt um ihre Schützlinge. Dabei werden die jungen Mönchsgeier allerdings auf den Menschen geprägt und halten ihn in Zukunft für einen Artge-

nossen. Und das in jeder Hinsicht – die jungen Mönchsgeier wollen also auch mit ihrem Menschen brüten. Sie balzen den Betreuer an, bieten ihm Nistmaterial und bauen schließlich auch ein Nest mit ihm, wenn der Mensch mitspielt. Schiebt man diesem Tier ein Ei unter, beginnt es sogar zu brüten. Aber nur, wenn sich der Betreuer weiterhin wie ein Artgenosse verhält. Und so sitzt Evelyn Tewes in solch einer Situation eben jeden Tag eine Stunde auf dem Ei und liest während des ansonsten langweiligen Brutgeschäftes ein Buch. Ihr Mönchsgeierpartner braucht diese Ablösung, um sich in seiner Freizeit zu putzen.

Solche Mönchsgeier eignen sich natürlich nicht für ein Leben in der freien Natur. Nur von intakten Mönchsgeierpaaren aufgezogene Vögel können ausgewildert werden. Immerhin 35 solcher Junggeier hat Evelyn Tewes in den vergangenen fünfzehn Jahren auf Mallorca freigelassen. Schwebten Mitte der 1980er-Jahre nur noch 20 der großen Aasfresser über die Berge der Baleareninsel, sind es inzwischen wieder etwa achtzig. Für Evelyn Tewes ein Grund zum Optimismus: „Manche Gebiete in Europa scheinen auf die Rückkehr der Geier geradezu gewartet zu haben.“

Eulen

Auf der Erde gibt es mehr als 140 Arten von Eulen, die in völlig unterschiedlichen Lebensräumen – von den Schneelandschaften des hohen Nordens bis zum feucht-heißen Klima der tropischen Regenwälder – fliegen. Während eine Schnee-Eule ein strahlend weißes Outfit mit graubraunen Bändern hat, ähnelt das Federkleid der Zwergohreule Afrikas einem Stück Baumrinde. Beide Arten verschmelzen so völlig mit ihrer Umwelt: In der verschneiten Tundra Skandinaviens entdeckt man eine Schnee-Eule auf einer Birke genauso wenig wie die Zwergohreule auf einem Baum in der Savanne Sambias.

Trotz dieses völlig unterschiedlichen Aussehens aber kann jedes Kind eine Eule mühelos als solche identifizieren. Denn fast alle Vertreter dieser Vögel gehen in der Dämmerung oder Dunkelheit auf Beutefang. Wenn vom Jagdglück aber das eigene Leben und die Chancen für den Nachwuchs abhängen, sollte man optimal an die Nacht angepasst sein. Große Augen fangen möglichst viel des wenigen Lichts ein, mit feinen Federn gepolsterte riesige Trichter im Gesicht leiten den kleinsten Laut zu den Hörschlitzen. An diesen hoch spezialisierten Augen und Ohren aber erkennt man eine Eule sofort.

Schleiereule

BIOLOGISCHER STECKBRIEF

Wissenschaftlicher Name
Tyto alba

Familie
Schleiereulen (Tytonidae)

Heimat
Europa, Afrika, Süd- und Nordamerika, Südwest- und Südasien, Australien

Lebensraum
Fast alle Lebensräume außer Regenwäldern und dem Inneren von Wüsten, in Mitteleuropa vor allem in Dörfern und umliegenden Agrarlandschaften

Größe
33 bis 35 cm lang, bis 85 cm Flügelspannweite

Nahrung
Kleinsäuger, vor allem Feldmäuse

Schleiereulen sind echte Weltbürger. Mit Ausnahme der Antarktis haben die etwa 35 Zentimeter großen Eulen mit dem hellen Gefieder alle Kontinente besiedelt. Entsprechend groß ist die Palette ihrer Lebensräume. Nur den tropischen Regenwäldern, der frostigen Tundra, den höheren Gebirgen und dem Inneren der Wüsten scheinen sie nichts abgewinnen zu können. Dafür haben sie ein ausgesprochenes Faible für menschliche Nachbarschaft. In mitteleuropäischen Schleiereulenkreisen gehören Scheunen und Ställe, Kirchtürme und Ruinen zu den beliebtesten Quartieren, in denen die Tiere ihre Jungen aufziehen und dösend den Tag verbringen.

Verschleierte Jäger

Wenn die Dämmerung hereinbricht, lösen sie sich wie dunkle Schatten aus irgendeiner Scheunenecke und machen sich auf die Suche nach Nahrung. Ihr Jagdrevier ist die offene Feldlandschaft, wo Mäuse und andere kleine Säugetiere nun ein paar gefährliche Stunden überstehen müssen. Das kleinste Rascheln kann sie verraten. Denn bei der Fahndung nach schmackhaften Opfern kommt

der helle, herzförmige Gesichtsschleier zum Einsatz, dem die nächtlichen Jäger ihren Namen verdanken. Wie ein Trichter sammelt er den Schall und leitet ihn zu den Ohren weiter. Selbst das leiseste Mäusegetrippel können die Vögel so noch wahrnehmen. Doch auch Opfer, die sich ganz still verhalten, sind nicht unbedingt in Sicherheit. Denn trotz ihrer für Eulenverhältnisse recht kleinen Augen können Schleiereulen auch gut sehen. Schließlich sind sie keineswegs nur im Stock-

dunklen unterwegs. Wenn die Beute knapp ist oder sie Nachwuchs zu versorgen haben, machen sie sich manchmal sogar mitten am Tag auf die Suche nach einer Mahlzeit. Haben sie eine lohnende Beute entdeckt, lassen sie sich plötzlich aus der Luft auf sie herabfallen und packen mit ihren krallenbewehrten Zehen zu.

Harte Zeiten

Vom Erfolg ihrer Jagd hängt auch die Familienplanung der Vögel ab. In guten Mäusejahren sitzen sie bis zu drei Mal pro Saison auf dem Nest. Wenn es nicht genug Nahrung gibt, beginnen viele Schleiereulen dagegen erst gar nicht mit der Brut. Selbst von einem massiv knurrenden Magen lassen sich die Tiere in der Regel nicht aus ihrer angestammten Heimat vertreiben. Strengen Wintern und schlechtem Wetter einfach davonzufliegen, ist unter Schleiereulen nicht üblich. In harten Wintern brechen die Bestände dieser Art daher immer wieder zusammen.

In den letzten Jahrzehnten haben die geflügelten Jäger in Mitteleuropa allerdings noch mit ganz anderen Problemen zu kämpfen. Die Intensivierung der Landwirtschaft hat ihre Beute dezimiert, Brut- und Ruheplätze in den Dörfern fielen Sanierungs- und Umbaumaßnahmen zum Opfer. Trotzdem gilt die Art in Deutschland als nicht gefährdet, weltweit soll es nach Schätzungen der Weltnaturschutzunion IUCN knapp fünf Millionen Schleiereulen geben.

Zwergohreule

BIOLOGISCHER STECKBRIEF

Wissenschaftlicher Name
Otus scops

Familie
Eigentliche Eulen (Strigidae)

Heimat
Südliches Europa, Naher und Mittlerer Osten, Zentralasien

Lebensraum
Obstgärten, Olivenhaine, Parks, Feldgehölze, lichte Waldränder

Größe
Bis 20 cm lang, 50 bis 54 cm Flügelspannweite

Nahrung
Vor allem Insekten

„Djü – djü – djü". Stundenlang tönt ein monotoner Laut durch die Nacht, der ein wenig an ein Peilsignal erinnert. Manche Ohrenzeugen haben auch schon auf die Rufe der Geburtshelferkröte getippt. In Wirklichkeit kommt das seltsame Geräusch aber aus dem Schnabel von Europas zweitkleinster Eule.

Mit etwa 20 Zentimetern Länge bringt es die Zwergohreule gerade einmal auf die Dimensionen einer Amsel, in der mitteleuropäischen Eulenverwandtschaft ist nur der Sperlingskauz noch kleiner. Ihre geringe Größe ist aber nicht der einzige Grund dafür, dass Zwergohreulen so schwer zu entdecken sind. Denn ihr graues oder bräunliches Gefieder ist von Baumrinde kaum zu unterscheiden, sodass im Geäst sitzende Tiere perfekt getarnt sind. Oft ist es nur ein Blinzeln der zitronengelben Augen, das die Vögel verrät.

Verfrorene Zwerge

Begegnen kann man den Mini-Eulen in offenen Landschaften mit verstreuten alten Bäumen. Obstgärten und Olivenhaine, Parks, Alleen und lichte Waldränder bieten ihnen schmackhafte Insekten und komfortable Baumhöhlen als Unterkunft. Doch auch Dörfer und Städte meiden sie nicht. Hauptsache, ihre Umgebung ist warm und trocken. Zwergohreulen sind ausgesprochene Wärmefans. Ihr Verbreitungsschwerpunkt liegt daher in den Mittelmeerländern, große Bestände gibt es zum Beispiel in Spanien, Kroatien und der Türkei. In ganz Mitteleuropa sollen dagegen nur etwa 500 Brutpaare der kleinen Eulen leben.

Im Herbst zieht es allerdings auch diese Vögel nach Süden. Als Einzige der mitteleuropäischen Eulenarten sind Zwergohreulen ausgesprochene Zugvögel. Den Winter verbringen sie südlich der Sahara und kehren erst ab Mitte April wieder in ihre Brutgebiete zurück. Dann stehen gleich die Balz und die Suche nach einem Nistplatz auf dem Programm. Neben Baumhöhlen kommen auch Mauerlöcher oder die verlassenen Nester von Krähen und Elstern als Kinderstube in Frage. Zwischen Mitte Mai und Mitte Juni legen die Weibchen drei bis fünf Eier, die sie dann ohne männliche Unterstützung ausbrüten. Schon etwa drei Wochen nach dem Schlüpfen verlassen die Jungtiere die Nisthöhle. Um erfolgreiche Jäger zu werden, brauchen sie allerdings noch ein paar Wochen Training.

Die beste Jagdtechnik hilft aber nichts, wenn es keine lohnende Beute gibt. Und in den letzten Jahrzehnten hat der massive Einsatz von Insektenvernichtungsmitteln die Nahrungsgrundlage der Vögel massiv geschmälert. In den 1960er-Jahren brachen daher viele Zwergohreulen-Bestände zusammen, vielerorts ist der Rückgang bis heute nicht gestoppt. In Mitteleuropa scheinen derzeit nur die Vorkommen in Ungarn stabil zu sein oder sogar leicht zuzunehmen.

Afrika-Zwergohreule

BIOLOGISCHER STECKBRIEF

Wissenschaftlicher Name
Otus senegalensis

Familie
Eigentliche Eulen (Strigidae)

Heimat
Afrika, südlich der Sahara

Lebensraum
Savannen, lichte Wälder, Sumpfgebiete, Mangroven

Größe
Bis 20 cm lang, 45 cm Flügelspannweite

Nahrung
Eidechsen, Insekten

Nichts deutet darauf hin, dass dieser Savannenbaum in Sambia bewohnt ist. Blätter, Äste und Rinde – sonst fällt auch nach intensivster Musterung nichts Besonderes auf. Bis das Gewächs plötzlich aus gelblichen Augen zu blinzeln scheint. Jetzt endlich zeichnet sich bei intensivem Hinschauen ein kleiner, grauer Federkörper im Geäst ab, ein kurzer dunkler

Schnabel und hoch aufgerichtete Federohren vervollständigen das Eulenbild. Eine Afrika-Zwergohreule hat es sich in der Baumkrone bequem gemacht, um dösend den heißen Tag zu verbringen.

Vogelfans können dieser weitverbreiteten afrikanischen Eulenart in vielen Regionen südlich der Sahara begegnen. In offenen Savannen und lichten Wäldern sind die Verwandten der auch in Europa vorkommenden Zwergohreule ebenso zu Hause wie in Feuchtgebieten und den Mangrovenwäldern der Küsten. Auch gegen menschliche Nachbarschaft haben die Tiere nichts einzuwenden, die Grünflächen und Parks von Städten und Dörfern sind ebenso beliebte Lebensräume. Wenn sie sich einmal für ein Domizil entschieden haben, entwickeln sie eine ausgesprochene Abneigung gegen Umzüge. Oft hocken sie während der Siesta jeden Tag nicht nur auf dem gleichen Baum, sondern wählen sogar den gleichen Ast. Eine einmal entdeckte Afrika-Zwergohreule wiederzufinden, ist also keine große Kunst.

Die grauen, in manchen Regionen auch rötlich gefärbten Vögel sind mit 17 bis 20 Zentimetern Länge noch etwas kleiner als ihre europäischen Verwandten. Wie diese sind sie also auf kleine Beutetiere angewiesen, um ihren knurrenden Magen zu füllen. Jede Nacht sitzen die Minijäger auf einer erhöhten Warte, um mit Augen und Ohren nach Eidechsen, Insekten und anderen potenziellen Opfern zu fahnden. Doch sobald die Morgendämmerung hereinbricht, ist für die Eulen Feierabend. Die vertraute Astgabel lockt zur Siesta.

Afrikanische Fischeule

BIOLOGISCHER STECKBRIEF

Wissenschaftlicher Name
Scotopelia peli

Familie
Eigentliche Eulen (Strigidae)

Heimat
Afrika: von Senegal und Gambia im Westen bis Somalia im Osten, im Süden bis Südafrika

Lebensraum
Baumbestandene Fluss- und Seeufer

Größe
55 bis 63 cm lang, 1,5 m Flügelspannweite

Nahrung
Vor allem Fisch

Es gibt Safari-Touristen, die ihre Afrikareise nicht wegen der Elefanten, Löwen oder Büffel buchen – viele Vogelbegeisterte hoffen vielmehr auf eine Begegnung mit einer geflügelten Rarität: Afrikanische Fischeule heißt das geheimnisvolle Tier, dessen tiefe, dröhnende Stimme nachts über die dunklen Seen und langsam fließenden Flüsse des Schwarzen Kontinents schallt.
Besonders beliebte Jagdreviere der zimtfarbenen Eulen sind Altarme und stehende Tümpel, die das letzte Hochwasser zurückgelassen hat. Dort sitzen sie nach Sonnenuntergang auf einem Uferbaum und spähen mit scharfen Augen aufs Was-

ser. Kräuselt sich die Oberfläche irgendwo? Das könnte einen vorbeischwimmenden Fisch verraten. Hat der Vogel ein solches Indiz entdeckt, stürzt er sich von seinem Ast herab, um sein Opfer zu packen. Manchmal waten jagende Fischeulen allerdings auch vom Ufer aus in die Fluten. Neben Fischen landen auch Frösche, Krebse, Muscheln oder Insekten in ihrem Magen. Selbst kleine Krokodile verschmähen sie nicht.

Die Wasserjäger

Ihre erfolgreiche Karriere als fliegende Fischer verdanken die Tiere einer ganzen Reihe von Anpassungen. Anders als die meisten anderen Eulen hat diese Art zum Beispiel keine Federn an Beinen und Füßen – vermutlich, damit bei der

Jagd im nassen Element nicht so viele Federn feucht werden. Die Zehen sind mit spitzen Schuppen bedeckt, die beim Festhalten eines glitschigen, zappelnden Fisches ungeheuer praktisch sind. Dafür verzichten die Tiere auf den typischen Gesichtsschleier anderer Eulen. Denn diese Federstruktur dient vor allem dazu, leise Geräusche aufzufangen. Wer auf der Jagd nach Wasserbewohnern ist, muss sich aber ohnehin auf die Schärfe seiner Augen statt auf sein Gehör verlassen. Umgekehrt kann auch die Beute den herannahenden Feind nicht hören. Deshalb fliegt die Fischeule auch bei Weitem nicht so lautlos durch die Nacht wie die meisten ihrer Kollegen. Sobald die Sonne wieder aufgeht, ist die Jagd vorbei und die Nachtvögel ziehen sich für den Tag wieder auf ihren Ruhebaum zurück.

In letzter Zeit haben die geschickten Fischer allerdings mit einer ganzen Reihe von Problemen zu kämpfen. Denn wie in anderen Teilen der Welt werden auch in Afrika viele Flüsse mit Dämmen verbaut, ihre Uferwälder zerstört. Auch Überfischung, Wasserverschmutzung und das Ableiten großer Wassermengen auf die Felder der Bauern sind mancherorts ein Problem. Die Bestände der nächtlichen Jäger sind daher in etlichen Regionen schon stark geschrumpft. Zusätzliche Schwierigkeiten dürfte der Klimawandel mit sich bringen, der vielen Teilen Afrikas vermutlich eine trockenere Zukunft bescheren wird. Für Wasserjäger ist das keine gute Nachricht.

Uhu

BIOLOGISCHER STECKBRIEF

Wissenschaftlicher Name
Bubo bubo

Familie
Eigentliche Eulen (Strigidae)

Heimat
Europa, Asien, Nordafrika

Lebensraum
Offene, abwechslungsreiche Kulturlandschaften

Größe
Bis 70 cm lang, 1,8 m Flügelspannweite

Nahrung
Mäuse, Ratten, Igel, Kaninchen, Hasen, Vögel

Uhus sind die Giganten unter den modernen Eulen. Bis zu 70 Zentimeter Körpergröße, 1,8 Meter Flügelspannweite, ein massiger Körper und ein dicker Kopf mit langen Federohren – keine ihrer heute lebenden Verwandten bringt es auf eine ähnlich eindrucksvolle Statur. Leicht zu entdecken sind die Tiere trotzdem nicht, ihr in verschiedenen Brauntönen gemustertes Gefieder ist ein perfekter Tarnanzug. Das ist auch wichtig, denn Greifvögel und Krähen reagieren oft sehr aggressiv, wenn sie tagsüber auf einen ruhenden Uhu stoßen. Kreischend flattern sie dann um ihn herum und starten manchmal sogar Scheinangriffe. Der Nachtjäger plustert sich daraufhin zu eindrucksvoller Größe auf, schlägt drohend mit den Schnabelhälften aufeinander und faucht.

Flexible Jäger

Die bekanntesten Laute der großen Eulen aber sind die Balzrufe, denen sie ihren Namen verdanken. Wenn die Spätwintersonne untergegangen ist, lassen die Männchen ihr klagendes „U-hu" durch den Wald schallen, das noch in fünf Kilometern Entfernung zu hören ist. Die Weibchen antworten mit einem ähnlichen, aber helleren Ruf. Zwischen Anfang März und Mitte April legt das Weibchen dann meist zwei bis drei Eier. Die Uhu-Kinderstube liegt in Mitteleuropa meist in

felsigem Gelände oder in Steinbrüchen. Das Brüten übernimmt das Weibchen allein, nach 34 Tagen schlüpfen die Küken. Etwa zehn Wochen später kann der Uhu-Nachwuchs fliegen, wirklich selbstständig ist er aber erst im August. Dann haben die jungen Eulen gelernt, auf ihrer nächtlichen Jagd erfolgreich Beute zu machen.

In der Dämmerung machen sich die großen Vögel meist in offenem oder nur locker bewaldetem Gelände auf die Suche nach Nahrung. Sonderlich wählerisch sind sie dabei nicht. Von Nagetieren und Igeln über Hasen und Kaninchen bis hin zu verschiedenen Vögeln, Amphibien und Fischen schlagen sie, was sie gerade erwischen können. Mal fliegen sie dabei dicht am Boden entlang, mal fahnden sie in Höhe der Baumwipfel nach Vögeln. Doch auch zu Fuß haben die nächtlichen Jäger eine Chance: Mit ihren weit ausholenden Schritten können sie eine flüchtende Maus durchaus einholen.

In Mitteleuropa konnten sich die Flachlandbewohner unter den Nagern allerdings lange ziemlich sicher fühlen. Mit jagenden Uhus mussten nur ihre Verwandten im Mittelgebirge und den Alpen rechnen. Denn nur dort hatten die großen Vögel Zuflucht vor Menschen mit Gewehren gefunden. Uhus wurden noch im 20. Jahrhundert intensiv verfolgt, weil menschliche Jäger in ihnen unliebsame Konkurrenten sahen. In den 1930er-Jahren waren die Tiere in großen Teilen Mittel- und Westeuropas verschwunden. In Deutschland erreichten die Bestände Mitte des 20. Jahrhunderts mit etwa 50 Brutpaaren ihren Tiefpunkt. Seither haben sich die Vögel aber durch Schutzmaßnahmen und Wiederansiedlungsprogramme wieder gut erholt.

Schnee-Eule

BIOLOGISCHER STECKBRIEF

Wissenschaftlicher Name
Bubo scandiacus

Familie
Eigentliche Eulen (Strigidae)

Heimat
Arktische Gebiete Nordeuropas, Nordamerikas und Nordasiens

Lebensraum
Tundren

Größe
58 bis 63 cm lang, bis 1,66 m Flügelspannweite

Nahrung
Vor allem Lemminge

Ein großer, kräftiger Körper, schneeweißes Gefieder mit wenigen dunklen Flecken und dicht mit Federn bedeckte Füße – die Schnee-Eule ist mit keinem anderen Mitglied ihrer weitverzweigten Verwandtschaft zu verwechseln. Ihr ungewöhnliches Aussehen hat sie wohl erworben, als sie sich an die Herausforderungen ihres harschen Lebensraums anpasste.

Leben in der Kälte

Schnee-Eulen leben in der offene Tundra im äußersten Norden der Nordhalbkugel. Die südlichsten Vorkommen haben sich in Gebirgen oberhalb der Waldgrenze angesiedelt, wo sie zum Beispiel in Mooren oder Heidelandschaften zu Hause sind. In ihren weiten, übersichtlichen Lebensräumen sitzen sie oft auf etwas erhöhten Aussichtspunkten wie Felsen oder Baumstämmen und halten Ausschau nach interessanter Beute. Anders als die meisten ihrer Verwandten gehen sie auch tagsüber auf die Jagd. Haben sie ein interessantes Opfer erspäht, fliegen sie darauf zu und versuchen, es zu packen. Gelingt das nicht, laufen sie ihm in flatternden Sprüngen hinterher. In dieser Situation kommt ihnen das ungewöhnliche Design ihrer federbedeckten Füße zugute: Wenn die Eule ihre Zehen spreizt, kann sie wie auf Schneeschuhen auch über lockere Schneedecken laufen und ihre Opfer einholen.

Ähnlich wie Uhus verspeisen auch Schnee-Eulen alles, was sie erwischen können. Mal sind das Mäuse, mal Schneehasen, Schneehühner oder Enten. Ganz oben auf ihrem Speisezettel aber stehen Lemminge. Diese kleinen, arktischen Nagetiere neigen zu Massenvermehrungen, ihre Bestände brechen aber auch immer wieder fast komplett zusammen. Auf diese Zyklen müssen sich die Schnee-Eulen einstellen. Wird die Nahrung knapp oder herrscht ein besonders strenger Winter, wandern sie nach Süden. Dann tauchen sie zum Beispiel im Norden der USA, in Mittelrussland oder Zentralasien auf. Manchmal erreichen sie auf der Flucht vor widrigen Bedingungen sogar den Norden Mitteleuropas.

Lemminge als Hochzeitsgeschenk

Normalerweise aber beginnen sie schon mitten im Winter mit den Vorbereitungen für die Brutsaison. Da der Sommer in der Arktis kurz ist, haben die Tiere schließlich nicht viel Zeit, um ihren Nachwuchs aufzuziehen. Während der Balz versuchen die Männchen zunächst, mit Lockrufen und scharrenden Bewegungen am Boden ein Weibchen auf sich aufmerksam zu machen. Anschließend präsentieren sie einen Balzflug, bei dem sie oft einen toten Lemming als Brautgabe im Schnabel tragen. Ohne ein solches Geschenk lässt sich in der Regel kein Weibchen zur Paarung verführen.

Hat der Bewerber Gnade gefunden, legt das Weibchen etwa ab Mitte Mai zwischen sieben und neun Eier. Bei sehr gutem Nahrungsangebot können es auch bis zu 14 sein. Viele der kleinen Schnee-Eulen werden allerdings nicht erwachsen. Zwar können sie schon mit acht bis neun Wochen fliegen. Doch der kurze arktische Sommer lässt ihnen nicht viel Zeit, um Erfahrung im Beutemachen zu sammeln.

Waldkauz

BIOLOGISCHER STECKBRIEF

Wissenschaftlicher Name
Strix aluco

Familie
Eigentliche Eulen (Strigidae)

Heimat
Europa, Ostasien

Lebensraum
Wälder, Parks, Gärten, Alleen

Größe
38 bis 42 cm lang, 94 bis 104 cm Flügelspannweite

Nahrung
Mäuse, Ratten, Kaninchen, Eichhörnchen, Vögel

„Huh – huhuhu – huuuh" – Filmregisseure, die in einer Szene nächtliche Gruselstimmung erzeugen wollen, untermalen dies oft mit den heulenden Rufen eines männlichen Waldkauzes. Dabei hat das Tier damit überhaupt nichts Unheimliches im Sinn, es ist lediglich in Balzstimmung. Auch das raue „Kuwitt", mit dem das Weibchen auf diese akustische Werbebotschaft antwortet, haben menschliche Zuhörer früher oft falsch interpretiert. Abergläubische Ohrenzeugen meinten darin ein „Komm mit!" zu hören und hielten den harmlosen Nachtjäger für einen Todesboten.

Mäuse, aufgepasst!

Mäuse und andere kleine Säugetiere müssen sich vor einem Waldkauz allerdings wirklich in Acht nehmen. Die Nager stellen oft bis zu drei Viertel seiner Nahrung.

Wenn es sein muss, überwältigt die etwa 40 Zentimeter lange und bis zu 630 Gramm schwere Eule aber auch Opfer, die ähnlich groß sind wie sie selbst. Kaninchen, Eichhörnchen und Ratten können sich daher auch nicht sicher fühlen. Im Winter, wenn die meisten Mäuse unter der Schneedecke verborgen sind, kann der Kauz sich aber auch fast komplett von Vögeln ernähren.

In lautlosem Flug patrouillieren die Nachtjäger nach Einbruch der Dämmerung am Waldrand oder an Waldwegen entlang, auch Wiesen und Felder in der Nähe des Waldes können ein lohnendes Jagdrevier sein. Das leiseste Geräusch kann dem Vogel verraten, wo gerade ein Beutetier unterwegs ist. Sobald er etwas Verdächtiges wahrgenommen hat, ändert er abrupt seine Flugrichtung und steuert darauf zu. Knurrt der Magen nach einiger Zeit immer noch, ändert er seine Taktik. Er bezieht einen Beobachtungsposten an einer vielversprechenden Stelle seines Reviers und wartet bis zu einer Stunde lang geduldig, ob sich ein lohnendes Opfer zeigt. Bis zum Morgengrauen wechselt er oft mehrmals zwischen Fliegen und Ansitzen hin und her, bis er schließlich genug Beute gemacht hat. Wissenschaftler haben ausgerechnet, dass er in einer Nacht ungefähr vier Feldmäuse erbeuten muss.

Neben genügend Nahrung brauchen die grau oder bräunlich gefärbten Eulen vor allem einen guten Nistplatz. Da Waldkäuze vor allem in Baumhöhlen brüten, besiedeln sie besonders gern alte Laub- und Mischwälder. Doch auch Nadelwälder, Gärten, Parks und Friedhöfe bieten ihnen oft gute Lebensbedingungen. Gegen menschliche Nachbarschaft haben die Tiere nichts einzuwenden, wenn sie nicht zu häufig gestört werden. Sogar alte Schornsteine werden mitunter zur Eulen-Kinderstube. In manchen Teilen ihres großen Verbreitungsgebietes, das mit Europa und Ostasien zwei räumlich getrennte Regionen umfasst, sind geeignete Bäume jedoch Mangelware. So haben sich die flexiblen Eulen in den Dünen der niederländischen Nordseeküste auf Kaninchenbauten als Nistplätze verlegt.

Kamikaze am Nest

Zwischen Mitte Februar und Anfang März legt das Weibchen meist zwei bis vier, manchmal auch sechs Eier direkt auf den Höhlenboden. Einen knappen Monat heißt es jetzt brüten – eine Aufgabe, die zum größten Teil ebenfalls das Weibchen übernimmt. Der werdende Vater schafft derweil Nahrung für seine Partnerin heran.

Wenn die Jungen etwa 30 bis 35 Tage alt sind, spielen sich an der Waldkauz-Kinderstube dramatische Szenen ab. Obwohl sie noch nicht fliegen können, springen die kleinen Eulen aus der Höhle. Viele fallen dabei auf den Boden und versuchen dann, zu Fuß eine sichere Zuflucht zu erreichen. Oft klettern sie auf einen Baum und bleiben als sogenannte „Ästlinge" in der Krone sitzen. Einige Wochen lang werden sie sich noch im Geäst rings um die Bruthöhle aufhalten. Die Eltern füttern sie in dieser Zeit nicht nur, sondern verteidigen sie vehement. Selbst Menschen, die einem Waldkauz-Brutplatz zu nahe kommen, müssen sich in Acht nehmen. Geräuschlos fliegen die erbosten Eulen die Störenfriede von hinten an und attackieren sie mit Flügeln und Krallen. Schmerzhafte Wunden im Kopf und Schulterbereich können die Folge sein.

Habichtskauz

BIOLOGISCHER STECKBRIEF

Wissenschaftlicher Name
Strix uralensis

Familie
Eigentliche Eulen (Strigidae)

Heimat
Europa, Asien

Lebensraum
Wälder

Größe
54 bis 61 cm lang, bis 1,25 m Flügelspannweite

Nahrung
Mäuse, Spitzmäuse

Flüchtige Beobachter meinen vielleicht, im Geäst einen etwas ausgeblichenen und eher zu groß geratenen Waldkauz entdeckt zu haben. Und tatsächlich ist der Habichtskauz mit dieser bekannteren Art eng verwandt. Auf den zweiten Blick aber fallen Unterschiede auf. Habichtskäuze sind mit bis zu 60 Zentimetern nicht nur deutlich größer, sondern haben auch ein anders gezeichnetes Gefieder. Wie Pinselstriche zieren senkrechte, dunkle Flecken den hellen Bauch, von Querstreifen dagegen ist nichts zu sehen. Auch der Gesichtsschleier wirkt auffallend hell. In der Luft erinnern diese Vögel mit ihrer typisch gemusterten Unterseite, den breiten Flügeln und dem relativ langen, keilförmigen Schwanz an einen Habicht – daher auch ihr deutscher Name.

Gefährliche Tage

Allerdings sieht nicht ein Habichtskauz aus wie der andere, Biologen unterscheiden bis zu 15 Unterarten dieser weitverbreiteten Eulen. Ihre Heimat reicht von Skandinavien über das Baltikum und Russland bis nach Japan und Korea. Ein paar isolierte Vorkommen gibt es auch noch in Italien, Slowenien, Ungarn und den Karpaten. Wo immer er auftaucht, ist der Habichtskauz ein typischer Waldbewohner, der gern alte Bäume mit vielen Höhlen um sich hat. Daneben benötigt er aber auch größere Freiflächen, auf denen er Mäusen, Spitzmäusen und anderen kleinen Säugetieren nachstellen kann. Bei dieser Jagd stellen sich die Eulen äußerst geschickt an, selbst unter einer Schneedecke verborgene Mäuse können sie erwischen. Dabei beschränken sie sich nicht auf die Nacht, sondern nutzen auch die Tagesstunden für ihre Beutezüge.

Das aber wurde ihnen vielerorts zum Verhängnis. Denn wie viele andere Eulen hatte auch der Habichtskauz früher ein schlechtes Image – für viele Menschen Grund genug, um zur Flinte zu greifen und auf die harmlosen Mäusefänger anzulegen. Und eine recht große Eule, die am hellen Tag herumfliegt, ist ein ziemlich auffälliges Ziel. Prompt haben übereifrige Jäger die Art in etlichen Regionen Mitteleuropas ausgerottet. Die Bestände in den Ostalpen, im Bayerischen Wald und im Böhmerwald sind zum Beispiel schon im 19. oder in der ersten Hälfte des 20. Jahrhunderts den Gewehren zum Opfer gefallen.

Inzwischen stehen die Tiere aber unter Schutz und sind daher kaum noch durch direkte Nachstellungen gefährdet. Dank intensiver menschlicher Unterstützung haben sie sogar einen Teil ihrer alten Heimat zurückerobert. Im Nationalpark Bayerischer Wald zum Beispiel haben Eulen-Enthusiasten 1975 damit begonnen, die dort ausgerottete Art wieder anzusiedeln. 1989 konnten die dortigen Naturschützer dann auf die erste Habichtskauz-Brut in freier Wildbahn anstoßen.

Bartkauz

BIOLOGISCHER STECKBRIEF

Wissenschaftlicher Name
Strix nebulosa

Familie
Eigentliche Eulen (Strigidae)

Heimat
Nordeuropa, Sibirien, Nordamerika

Lebensraum
Taiga

Größe
62 bis 70 cm lang, 1,5 m Flügelspannweite

Nahrung
Kleinsäuger, vor allem Wühlmäuse

Ein dekoratives, grau gemustertes Gefieder, ein sehr ausdrucksvolles Gesicht und ein bis zu 70 Zentimeter großer Körper – Bartkäuze gehören zu den besonders eindrucksvollen Erscheinungen in der Eulenverwandtschaft. Wer den grauen Nordlichtern begegnen will, sollte sich in den Kiefern-, Fichten- und Birkenwäldern der Taiga auf die Suche machen. In Sibirien, Kanada und Alaska sind sie ebenso zu Hause wie in Finnland und Schweden. Perfekte Bedingungen finden sie in Regionen, in denen die nördlichen Wälder an Moore oder Kahlschläge grenzen. Denn solche offenen Flächen sind für die Tiere ein ideales Jagdrevier. Auch tagsüber sitzen sie dort auf einem Baum oder Pfahl und fahnden mit ihren scharfen Augen und Ohren nach Beute. Trotz ihrer Größe haben es die Käuze vor allem auf kleine Säugetiere wie Wühlmäuse abgesehen.

Obdachlose Eulen

Von der Häufigkeit solcher Beutetiere hängt es ab, wie groß die Bartkauz-Bestände in einer Region werden können. In guten Wühlmausjahren brüten die Tiere durchschnittlich um die drei Jungvögel aus, in schlechten haben sie dagegen überhaupt keinen Nachwuchs. Feinde haben die jungen Eulen kaum, sodass ein großer Teil

von ihnen auch erwachsen wird. Ein Problem für werdende Bartkauz-Eltern ist allerdings vielerorts ein Mangel an Brutplätzen. Schuld daran ist meist eine zu intensive Forstwirtschaft, die kaum einen Baum bis ins hohe Alter stehen lässt. Viele Wälder im Verbreitungsgebiet der großen Eulen sind so jung, dass sie nicht genügend Greifvogelhorste als Kinderstuben bieten. Doch es gibt Hoffnung für die Kauzfamilien. In einigen Regionen wie Schweden und Finnland bieten Eulenfans den geflügelten Jägern inzwischen künstliche Ersatzquartiere aus Ästen oder Brettern an. Dieser Einladung können die grauen Riesen meist nicht widerstehen.

Sperbereule

BIOLOGISCHER STECKBRIEF

Wissenschaftlicher Name
Surnia ulula

Familie
Eigentliche Eulen (Strigidae)

Heimat
Nördliche Regionen Nordeuropas, Nordamerikas und Nordasiens

Lebensraum
Taiga

Größe
36 bis 41 cm lang, 74 bis 81 cm Flügelspannweite

Nahrung
Wühlmäuse, Spitzmäuse, Vögel

So eine richtig typische Eule ist diese Art ja nicht. Das fängt schon mit ihrem Äußeren an. Wie ihr Name verrät, ähnelt die Sperbereule in Figur und Flugbild eher einem tagaktiven Greifvogel. Und auch die braunen Querstreifen auf hellem Grund, die ihre Unterseite schmücken, erinnern an das charakteristische Design eines Sperbers. Diese Assoziation haben offenbar nicht nur menschliche Beobachter. Wenn Krähen oder andere tagaktive Vögel tagsüber eine typische Eule entdecken, reagieren sie auf diesen Feind oft mit warnendem Gekreisch und heftigen Attacken. Dieses „hassen" genannte Verhalten bleibt den Sperbereulen aber erspart – vermutlich, weil ihr Äußeres so wenig ins Eulen-Schema passt.

Die Tages-Eule

Die Ähnlichkeiten mit dem Sperber erstrecken sich aber nicht nur auf Äußerlichkeiten. Denn anders als die meisten ihrer Verwandten können Sperbereulen einer nächtlichen Jagd überhaupt nichts abgewinnen. Stur beschränken sie ihre Beutezüge auf die Tagesstunden und die Dämmerung.

Ihr Jagdrevier sind die nördlichen Nadelwälder Nordamerikas, Europas und Asiens, auch in Mischwäldern mit Mooren und anderen baumfreien Flächen

kommen sie vor. Von günstigen Aussichtspunkten aus überwachen die Vögel ständig ihre Umgebung und halten Ausschau nach unvorsichtigen Opfern. Während der Brutzeit konzentrieren sie sich dabei vor allem auf Wühlmäuse. Sobald sie einen dieser beliebten Nager entdeckt haben, lassen sie sich fallen und packen ihn mit den Fängen.

Wühlmäuse haben allerdings die Eigenheit, dass sich ihre Bestände mal explosionsartig vermehren und dann wieder fast komplett zusammenbrechen. Auf diese Zyklen haben die Eulen ihre Familienplanung eingestellt. Je nach Wühlmausangebot legen die Tiere in manchen Jahren nur drei Eier, in anderen dagegen bis zu 13.

Werden die Nager in einer Region knapp, unternehmen Sperbereulen zudem weite Wanderungen. Wegen dieser nomadischen Lebensweise ist die Größe von Sperbereulen-Beständen schwer zu schätzen. In Finnland soll die Zahl der Brutpaare in guten Wühlmausjahren bei 4000 liegen, in schlechten dagegen nur bei 100.

Ein Talent für Kunstflug

Außerhalb der Brutzeit stellen Sperbereulen auch anderer Beute wie kleinen Vögeln nach. Dabei kommt ihnen eine weitere Gemeinsamkeit mit dem Sperber zugute: Sie sind ausgesprochen talentierte Flugkünstler. Mühelos halten sie bei Verfolgungsjagden mit ihren gefiederten Opfern mit, in rasanten Flugmanövern können sie blitzschnell die Richtung ändern und so jeden Fluchtversuch vereiteln. Vor allem im Winter ist diese alternative Jagdstrategie sehr nützlich. Denn dann verbergen sich die meisten Mäuse unter der Schneedecke, sodass selbst stundenlanges Ansitzen auf einem Baum wenig Erfolg verspricht. Wer dann nicht Hunger leiden will, muss eben auf fliegende Beute ausweichen.

Sperlingskauz

BIOLOGISCHER STECKBRIEF

Wissenschaftlicher Name
Glaucidium passerinum

Familie
Eigentliche Eulen (Strigidae)

Heimat
Skandinavien bis Ostsibirien, Mittel- und Osteuropa

Lebensraum
Nadel- und Mischwälder

Größe
16 bis 19 cm lang, 35 bis 38 cm Flügelspannweite

Nahrung
Wühlmäuse, Spitzmäuse, Vögel

Mit 16 bis 19 Zentimetern Größe erreicht der Sperlingskauz gerade einmal die Dimensionen eines Stars. Damit hält der grau-braun gemusterte Vogel mit den auffälligen, hellen Augenbrauen den Rekord für die kleinste Eule Europas.

Begegnen kann man den winzigen Eulen vor allem in nördlichen Nadel- oder Mischwäldern. Ihr Verbreitungsgebiet reicht in einem zusammenhängenden Streifen von Südskandinavien und Ostpolen bis in den Osten Sibiriens und zur Insel Sachalin, weitere Bestände finden sich in Mittel- und Osteuropa. Die Tiere haben eine ausgesprochene Vorliebe für naturnahe Wälder ohne intensive Forstwirtschaft, in denen alte und abgestorbene Stämme mit zahlreichen Höhlen stehen. Abwechslungsreichtum ist in einem solchen Sperlingskauz-Dorado Trumpf: Dichte Baumbestände mit guter Deckung sollten sich mit offenen Flächen abwechseln, auf denen die Tiere in der Dämmerung oder tagsüber ihrer Beute nachstellen können.

Trotz ihrer geringen Größe sind die kleinen Käuze erfolgreiche Jäger. Sonderlich wählerisch sind sie dabei nicht: Wühl- und Spitzmäuse bringen sie ebenso zur Strecke wie kleinere Vögel. Mehr als 50 verschiedene Vogelarten stehen nachweislich auf ihrem Speiseplan, mit Arten bis zur Größe eines Buntspechts werden sie mühelos fertig. Oft begnügen sie sich aber auch mit kleineren Arten wie Buchfinken oder Tannenmeisen. Gerade Letztere scheinen das auch genau zu wissen. Sobald sie irgendwo einen Sperlingskauz entdecken, veranstalten sie ein sehr lautstarkes Spektakel.

Snacks aus dem Kühlschrank

Haben die Käuze ein Tier erbeutet, rupfen oder enthaaren sie es zunächst und verspeisen es dann in kleinen Häppchen. War der Jagderfolg größer als der Hunger, heben sie sich auch gern einen Teil der Nahrung für später auf. Vor allem im Winter und während der Jungenaufzucht legen sie regelrechte Vorratslager an, manchmal horten sie Dutzende von toten Beutetieren in ihrer Schlafhöhle. Wenn es richtig kalt ist, verwandeln sich diese Depots allerdings rasch in Tiefkühlkost. Auch das ist aber für die Sperlingskäuze kein Problem: Mit ihrer Körperwärme tauen sie die gefrorenen Leckerbissen einfach wieder auf. Da dabei das Gefieder ziemlich schmutzig wird, müssen sie zwar anschließend oft ein Schnee- oder Wasserbad nehmen. Doch Hauptsache, der Hunger ist erst einmal gestillt.

Sperlingskäuze sind aber nicht nur fliegende Jäger, sondern werden oft auch selbst Opfer von größeren Fleischfressern. Marder, Habichte und Sperber finden ebenso Gefallen an dem gefiederten Snack wie andere Eulenarten. Das könnte ein Grund dafür sein, dass die Mini-Eulen vor allem in der Dämmerung und am Tag unterwegs sind. Zumindest den meist nachtaktiven Feinden aus der eigenen Verwandtschaft können sie so aus dem Weg gehen.

Steinkauz

BIOLOGISCHER STECKBRIEF

Wissenschaftlicher Name
Athene noctua

Familie
Eigentliche Eulen (Strigidae)

Heimat
Europa, Nordafrika, Asien

Lebensraum
Offene, abwechslungsreiche Landschaften mit lückenhaftem, altem Baumbestand

Größe
21 bis 23 cm lang, 50 bis 56 cm Flügelspannweite

Nahrung
Mäuse, Insekten, Vögel, Regenwürmer, Reptilien

Steinkäuze können sich mit menschlicher Nachbarschaft durchaus anfreunden. Denn der ideale Lebensraum ist in ihren Augen eine abwechslungsreiche Kulturlandschaft mit vielen Wiesen und Weiden. Bäume dürfen allerdings auch nicht fehlen, damit die Eulen genügend Höhlen und Ansitzwarten finden. Alleen, Baumgruppen, Streuobstwiesen oder Kopfweiden gehören daher unbedingt zur Ausstattung eines Steinkauz-Dorados. Auch Weinberge, Dörfer, Parks und Steinbrüche bieten den Tieren gute Lebensräume. In der Dämmerung und nachts gehen die Eulen dort auf die Jagd nach Mäusen. Doch auch junge Schlangen, Eidechsen und kleine Vögel müssen sich vor den kleinen Jägern in Acht nehmen. Insekten und Regenwürmer runden das Steinkauz-Menü ab.

Harte Zeiten

Wie viele ihrer Verwandten haben allerdings auch Steinkäuze das Problem, dass sie im Winter nur wenig Beute machen können. Trotzdem bleiben sie unbeirrt in ihrem Revier und verweigern jede Fernreise in wärmere Gefilde. Immerhin können sie sich einen großen Fettvorrat für karge Zeiten anfressen, bis zum Dreifachen ihres normalen Körpergewichts speichern sie in solchen Depots. Damit sind sie schon einmal in einer viel besseren Position als Arten wie die Schleiereule, die sich ihre schlanke Linie das ganze Jahr hindurch bewahren. In sehr strengen Wintern aber hilft das alles nichts und viele Steinkäuze verhungern.

Solche harten Zeiten mussten die Tiere auch früher schon immer wieder durchstehen. Seit einigen Jahrzehnten aber haben sie noch mit ganz anderen Problemen zu kämpfen. Denn die abwechslungsreichen Kulturlandschaften, in denen sie zu

Hause sind, werden immer seltener. Viele Streuobstwiesen, Kopfweiden und alte Bäume sind der immer intensiveren Landwirtschaft oder Neubaugebieten zum Opfer gefallen. Damit verschwanden zahlreiche Kinderstuben der braun-grau gefärbten Eulen. Zwar können die Tiere durchaus auch in anderen Unterkünften wie

in Gebäuden oder Mauernischen brüten. Doch auch solche Quartiere verschwinden oft bei Sanierungsmaßnahmen. Naturschützer sind daher dazu übergegangen, den Käuzen künstliche Niströhren anzubieten.

In Deutschland hat die kleine Eule solche Unterstützung auch dringend nötig, immerhin steht sie in der Kategorie „stark gefährdet" auf der Roten Liste der bedrohten Arten. Etwa 7400 Brutpaare soll es bundesweit noch geben. Allerdings hat die Art ein großes Verbreitungsgebiet, das von Westeuropa und dem Mittelmeerraum durch ganz Eurasien bis nach China reicht. Diese riesige Region soll insgesamt zwischen einer halben und einer Million Steinkäuze beherbergen. Die Weltnaturschutzunion IUCN hält die Art daher derzeit nicht für weltweit gefährdet.

Raufußkauz

BIOLOGISCHER STECKBRIEF

Wissenschaftlicher Name
Aegolius funereus

Familie
Eigentliche Eulen (Strigidae)

Heimat
Europa, Asien, Nordamerika

Lebensraum
Nadel- und Mischwälder

Größe
24 bis 26 cm lang, 52 bis 58 cm Flügelspannweite

Nahrung
Kleine Säugetiere, Vögel

Aus der Welt der Eulen gibt es immer wieder auch positive Nachrichten. Der Raufußkauz zum Beispiel leidet zwar wie etliche seiner Verwandten unter Wohnungsmangel, da es vielerorts zu wenig dicke, alte Bäume mit komfortablen Höhlen gibt. Trotzdem hat sich die Art in Mitteleuropa in den letzten Jahrzehnten deutlich ausgebreitet. Dank künstlicher Nisthilfen und anderer Unterstützungsmaßnahmen haben brütende Raufußkäuze zum Beispiel Teile Belgiens und der Niederlande erobert und sind zwischenzeitlich auch in Schleswig-Holstein, Niedersachsen und Brandenburg häufiger aufgetaucht.

Nordlichter und Eiszeitzeugen

Die größten zusammenhängenden Brutgebiete dieser Art ziehen sich als breiter Streifen durch die nördlichen Nadelwaldgebiete Europas, Asiens und Nordamerikas. Allerdings zeigt die Verbreitungskarte auch etliche besiedelte Flecken, die deutlich weiter im Süden liegen. Wissenschaftler vermuten, dass die Bestände dort ein Überbleibsel der letzten Eiszeit sind. In diesen Refugien müssen die Tiere ihre gewohnten Ansprüche nicht unbedingt über Bord werfen. Sie müssen dazu nur etwas höher ins Gebirge hinaufsteigen. Typische Brutgebiete der mitteleuropäischen Raufußkäuze waren daher lange die Bergwälder in Höhenlagen zwischen 800 und 2000 Metern über dem Meeresspiegel. Doch seit die Tiere in Mitteleuropa auf dem Vormarsch sind, können sie zunehmend auch dem Flachland etwas abgewinnen. Die Lüneburger Heide oder das südliche Brandenburg gehen schließlich beim besten Willen nicht mehr als Gebirgsregionen durch. In Ostdeutschland brüten schon fast 15 Prozent der Tiere in Lagen unter 250 Metern.

Die perfekten Raufußkauz-Domizile sind große, alte Nadel- und Mischwälder mit reichlich Höhlenbäumen, guten Verstecken und eingestreute Waldlichtungen, auf denen die Tiere auf die Jagd nach Mäusen gehen können. Ihre Opfer entdecken Raufußkäuze vor allem mit ihrem feinen Gehör. Denn die Suche nach lohnender Beute beginnt normalerweise erst, wenn es schon richtig dunkel ist. Vor dem Morgengrauen suchen sich die nächtlichen Jäger ein gutes Versteck. Oft verbringen sie den Tag eng an den Stamm gedrückt im Geäst eines Nadelbaums. Die dichten Zweige und das in Braun- und Beigetönen gemusterte Gefieder sollen sie dort vor den Augen von Mardern und anderen Feinden verbergen. In Acht nehmen müssen sich die etwa 25 Zentimeter großen Eulen mit dem dicken Kopf, dem hellen Gesicht und den mit Federn bedeckten Füßen aber auch vor der eigenen Verwandtschaft. Vor allem Waldkäuze und Uhus stellen ihnen gern nach. Werden solche Feinde in einem Gebiet übermächtig, müssen die kleineren Eulen manchmal sogar ihre Brutplätze aufgeben.

Waldohreule

Waldohreulen tragen einen etwas missverständlichen Namen. Die Sache mit den „Ohren" stimmt ja durchaus: Die beiden auffälligen Federbüschel auf dem Kopf der Tiere sind kaum zu übersehen. Sie sind das wohl typischste Merkmal der etwa 36 Zentimeter großen, schlanken Eulen mit den orangegelben Augen und dem in verschiedenen Braun-, Beige- und Rosttönen gemusterten Gefieder.

Anders als ihr Name vermuten lässt, sind die Tiere aber keine typischen Waldbewohner. Ihr Jagdrevier sind vielmehr offene Flächen mit kurzer Vegetation. In Mitteleuropa leben sie daher vor allem in Kulturlandschaften, in denen sich Wiesen und Weiden mit Hecken, Gehölzgruppen und Waldrändern abwechseln. Auch gegen die Randbereiche von Ortschaften haben sie nichts, wenn interessante Jagdreviere in der Nachbarschaft liegen.

BIOLOGISCHER STECKBRIEF

Wissenschaftlicher Name
Asio otus

Familie
Eigentliche Eulen (Strigidae)

Heimat
Europa, Asien, Nordamerika, Nord- und Ostafrika

Lebensraum
Offene, abwechslungsreiche Kulturlandschaften

Größe
35 bis 37 cm lang, 84 bis 95 cm Flügelspannweite

Nahrung
Mäuse, Vögel, Insekten

Auf der Pirsch

Waldohreulen haben einen relativ langen „Arbeitstag". Insgesamt sind sie jede Nacht fünf bis sechs Stunden in lautlosem Flug unterwegs, um nach Mäusen und anderen Beutetieren zu fahnden. Dabei patrouillieren sie relativ dicht über dem Boden, bis ihre scharfen Augen oder ihr feines Gehör etwas Interessantes wahrnehmen. Dann bleiben sie in rüttelndem Flug über der jeweiligen Stelle stehen, um ihre Entdeckung näher unter die Lupe zu nehmen und gegebenenfalls zuzupacken. Manchmal lauern sie auch auf einer erhöhten Ansitzwarte, bis sich eine unvorsichtige Maus durch Fiepen oder Rascheln verrät. Wenn sie Appetit auf Insekten haben, sammeln sie diese Snacks einfach vom Boden auf oder klettern auf der Suche nach Maikäfern recht geschickt durchs Geäst.

Eulen mit Wanderlust

Ihr Klettertalent zeigen Waldohreulen schon in ihren Kindertagen. Gut drei Wochen nach dem Schlüpfen verlassen die kleinen Vögel das Nest. Fliegen können sie dann noch nicht, also krabbeln sie mithilfe der Flügel, Krallen und Schnäbel durch die Baumkronen. Mit etwa fünf Wochen erobert der Eulennachwuchs dann auch den Luftraum. Trotzdem haben die Eltern noch mindestens bis zur elften Woche reichlich damit zu tun, die Jungtiere mit Futter zu versorgen und gegen Marder und andere Feinde zu verteidigen.

Wenn die heranwachsenden Eulen schließlich selbstständig sind, verlassen sie die Umgebung ihrer Kinderstube und suchen sich einen eigenen Lebensraum. Typischerweise siedeln sie sich dann in einem Radius von 50 bis 100 Kilometern um ihren Geburtsort an. Es gibt aber auch deutlich wanderlustigere Exemplare: Der bisherige Rekord für die weiteste nachgewiesene Reise liegt bei mehr als 2000 Kilometern. Genügend Auswahl an geeigneten Reisezielen haben Waldohreulen schließlich. Denn ihr Verbreitungsgebiet reicht von Großbritannien und Irland quer durch Europa und Asien bis nach Japan. Weitere Unterarten leben in den USA und Kanada sowie in Nord- und Ostafrika.

Sumpfohreule

Viele mitteleuropäische Eulenarten haben durch intensive Wald- oder Forstwirtschaft in den letzten Jahrzehnten einen Teil ihres Lebensraums verloren. Für die Sumpfohreule aber sieht die Lage besonders düster aus. Denn sie hat sich für einen Landschaftstyp entschieden, der in weiten Teilen Mitteleuropas verschwunden ist.

Früher waren die 34 bis 42 Zentimeter großen Eulen in zahlreichen europäischen Flussniederungen und Mooren zu Hause. In dem

BIOLOGISCHER STECKBRIEF

Wissenschaftlicher Name
Asio flammeus

Familie
Eigentliche Eulen (Strigidae)

Heimat
Europa, Asien, Nord- und Südamerika

Lebensraum
Vor allem feuchte Offenlandschaften, auch Tundren, Steppen, Heiden, Dünen

Größe
34 bis 42 cm lang, bis 1,05 m Flügelspannweite

Nahrung
Wühlmäuse, Vögel, Insekten

feuchten, offenen Gelände fanden sie einerseits genügend Deckung in dichter Vegetation. Andererseits bot es ein übersichtliches Revier für ihre Jagd auf Wühlmäuse, andere kleine Säugetiere, Vögel und Insekten. Vor allem in guten Wühlmausjahren waren die Vögel durchaus häufig. Wer zur richtigen Zeit in den Feuchtgebieten unterwegs war, konnte relativ leicht ein Exemplar entdecken. Denn anders als viele ihrer Verwandten jagen Sumpfohreulen nicht mitten in der Nacht, sondern bevorzugen das Dämmerlicht des Abends und der frühen Morgenstunden. Entsprechend gut sind sie zu sehen. Vom Äußeren her ähneln die braun gefleckten Tiere sehr stark einer Waldohreule, haben aber viel kleinere Ohren und gelbe, schwarz umrandete Augen.

Trockengelegte Vögel

Mitteleuropäische Eulenfans haben heutzutage allerdings nur noch schlechte Chancen, einem solchen Tier zu begegnen. Seit in Mitteleuropa die großen Feuchtgebiete trocken gelegt wurden, ist die Art in Bedrängnis geraten. Zwar kann sie nicht nur in naturnahen Mooren und Auen, sondern zum Beispiel auch auf Wiesen brüten. Dort fallen Eier und Jungvögel aber immer wieder den Mähmaschinen der Landwirte zum Opfer. Auch Weidezäune sind gefährlich, weil jagende Sumpfohreulen meist gerade einmal einen oder höchstens zwei Meter über dem Boden fliegen. Leicht können sie sich da im Stacheldraht verfangen und qualvoll verenden. Auch Stromleitungen und Hochspannungsmasten werden oft zur tödlichen Falle. Und wo zu viel Vieh weidet, können die fliegenden Jäger nicht mehr in Ruhe Beute machen und müssen hungern. Wegen dieser zahlreichen Probleme sind die Bestände der Eulen in vielen europäischen Ländern stark geschrumpft. Schätzungen aus dem Jahr 2005 gehen davon aus, dass beispielsweise in Deutschland nur noch zwischen 70 und 170 Paare der eindrucksvollen Vögel brüten.

Dennoch steht die Art nach Angaben der Weltnaturschutzunion IUCN nicht vor dem weltweiten Kollaps. Denn Sumpfohreulen haben ein riesiges Verbreitungsgebiet, das insgesamt um die zehn Millionen Quadratkilometer umfassen soll. In Europa reicht es von Island über Großbritannien und Mitteleuropa bis nach Skandinavien und Russland. Die Vögel besiedeln aber auch den gesamten asiatischen Teil Russlands sowie Teile Nord- und Mittelamerikas. Sogar auf Inselgruppen wie Galapagos und Hawaii kommen sie vor. Etwa 2,4 Millionen Tiere soll es nach IUCN-Schätzungen insgesamt noch geben.

Eulen und Menschen

Etwas Geheimnisvolles scheint Eulen seit jeher zu umwittern. Wie sie da in aufrechter Haltung auf ihrem Ast hocken, ihr Gegenüber aus großen, runden Augen unverwandt anstarren – und dann auch noch beinahe menschenähnlich blinzeln! Ganz zu schweigen von der nächtlichen Lebensweise, dem lautlosen Flug und den heulenden Rufen, die kilometerweit durch die Finsternis schallen.

Können das wirklich ganz normale Vögel sein, die bei ihren nächtlichen Streifzügen nichts anderes im Sinn haben, als sich den Magen mit Mäusen zu füllen? Vor allem in früheren Jahrhunderten waren Menschen aller möglichen Kulturkreise geneigt, diese Frage mit „Nein!" zu beantworten. Manche tun das auch heute noch. Und so ranken sich zahllose Mythen, Legenden und abergläubische Gerüchte um die nächtlichen Jäger. Ob die Begegnung mit einer Eule nun etwas Gutes oder Schlechtes zu bedeuten hat, ist dabei allerdings umstritten.

Eulen nach Athen

Im antiken Griechenland hatten die Menschen beschlossen, den ruhigen, durchdringenden Eulenblick positiv zu deuten. Dort galten die Vögel als ausgesprochen kluge Tiere. Das schlug sich auch in der griechischen Mythologie nieder. Es war sicher kein Zufall, dass Athene, die Göttin der Weisheit und des Krieges, ausgerechnet einen Steinkauz zu ihrem offiziellen Begleiter erwählt hatte. Wegen dieser

Verbindung sahen die Griechen in dem Vogel nicht nur ein Symbol der Weisheit, sondern auch einen Glücksbringer. Schließlich war Athene auch für Taktik und Kriegsstrategie zuständig. Wenn eine Eule über das Schlachtfeld flog, ließ sich das also leicht als gutes Omen für einen bevorstehenden Sieg deuten. Auf Kunstwerken wurden Athene und ihr gefiederter Gefährte sehr oft gemeinsam dargestellt. Auch die Tetradrachmen-Münze trug auf der Vorderseite ein Portrait der Göttin während der Steinkauz die Rückseite zierte. An jeder Ecke stieß man also im antiken Athen auf Eulendarstellungen. Schon in der Antike war daher die heute noch übliche Redewendung „Eulen nach Athen tragen“ bekannt, die für eine gänzlich überflüssige Aktion steht.

Doch nicht nur dieses Sprichwort erinnert bis heute an die legendäre Verbindung von Göttin und Kauz: Seit dem 18. Jahrhundert trägt der Steinkauz den wissenschaftlichen Namen *Athene noctua*. Die aktuelle griechische Ein-Euro-Münze ziert nach wie vor das Bild des symbolträchtigen Vogels. Und auch das Image der Weisheit hängt ihm und seinen Verwandten bis heute an. Buchhandlungen zum Beispiel werben gern mit einer Eule, die auf einem Stapel Bücher sitzt oder mit Lesen beschäftigt ist. Auch Käuze mit Brille oder Doktorhut sind beliebte Werbeträger für Bildungseinrichtungen oder Produkte mit „Intelligenzfaktor“. Man kann den starren Blick der Vögel natürlich auch ganz anders interpretieren. In Indien zum Beispiel gelten Eulen mancherorts eher als Symbol der Dummheit.

Die Teufelsvögel

In vielen Weltregionen haben sich Menschen aber weniger Gedanken über die Intelligenz, als vielmehr über den Charakter der geheimnisvollen Vögel gemacht. Dabei ist für die Tiere oft wenig Positives herausgekommen. Zu unheimlich wirkten die Nachtgestalten, die auf lautlosen Schwingen unterwegs waren und mit ihren klagenden Rufen ein düsteres Schicksal zu beschwören schienen. In zahlreichen Kulturkreisen galten Eulen daher als Unglückboten, die alle möglichen Verhäng-

nisse – vom Hausbrand über den Ausbruch von Seuchen bis zum Tod eines Menschen – ankündigten. Auch dämonische Fähigkeiten wurden ihnen gerne zugeschrieben, in Italien hielt sich sogar das Gerücht, dass ihre Blicke töten könnten. Im Mittelalter galten die Tiere in vielen Regionen Europas wahlweise als Begleiter des Teufels, als Inkarnation seiner Großmutter oder als tierische Verbündete von Hexen und Zauberern.

Dieses Bild hat in harmloser und unterhaltsamer Form bis heute überlebt. In den Harry-Potter-Romanen der britischen Schriftstellerin Joanne K. Rowling treten verschiedene Eulen – von der Schnee-Eule Hedwig bis zum Bartkauz Errol – als Begleiter von Hexen und Zauberern auf, leisten Botendienste und liefern die Post aus. Bei vielen Fans der Geschichten um den populären Zauberlehrling genießen

Eulen daher ein äußerst positives Image. Vor allem in Großbritannien erkundigen sich manche Enthusiasten bereits nach Möglichkeiten, selbst einen solchen Vogel als Haustier zu halten – was angesichts der Lebensgewohnheiten der nächtlichen Jäger keine gute Idee ist.

In früheren Jahrhunderten aber hatten die angeblich magischen Fähigkeiten der „Hexenvögel" viel gefährlichere Auswirkungen für die Tiere. Lange Zeit hielt sich in Europa härtnäckig der Aberglaube, dass eine bei lebendigem Leib an das Scheunentor genagelte Eule den Hof vor Feuer und Unglück schützen könne. Unzählige Vögel mussten so ihr Leben lassen. Zwischen den einzelnen Arten unterschied man dabei in der Regel nicht: Dämon war Dämon.

Besonders oft dürfte es aber die Schleiereule getroffen haben, weil sie sich gern in der Nähe des Menschen aufhält. Bei allem Hexenglauben geriet dann oft in Vergessenheit, dass die gefiederten Jäger tatsächlich Unheil von einem Hof abwenden können – allerdings nur in unverletztem Zustand: Eine einzige Schleiereulen-Familie kann in einer Brutsaison bis zu 3000 gefräßige Mäuse vertilgen und so sehr effektiv die Ernte des Bauern verteidigen. Wenig abergläubische Landwirte wussten die Dienste der geflügelten Ungeziefer-Bekämpfer daher auch in früheren Jahrhunderten durchaus zu schätzen und ließen in Scheunen und Stallgebäuden Einfluglöcher für die Tiere offen.

Jagdgefährten

Auch Jäger rekrutierten Eulen früher als Verbündete. Sie machten sich dabei ein Verhalten zunutze, das Fachleute als „hassen" bezeichnen. Greifvögel, Krähen und auch viele kleinere Singvögel reagieren damit auf Eulen, die sie tagsüber entdecken. Sie versammeln sich oft mit lautem Geschrei, um den ruhenden Feind oder Konkurrenten zu vertreiben, häufig scheuen sie auch vor Attacken nicht zurück. Dieses aggressive Verhalten war schon im antiken Griechenland bekannt. Bereits vor mehr als 2000 Jahren sind Jäger auf die Idee gekommen, die so verhassten Eulen als Lockvögel zu benutzen.

Lebende, oft zahme Exemplare wurden mit einem Lederriemen oder einer Kette auf einem Pflock angebunden. In einer geschlossenen, teilweise im Boden vergrabenen Tarnhütte wartete der Jäger dann, bis die hassenden Eulenfeinde angeflattert kamen. Kleinere Vögel, die auf den Trick hereinfielen,

fingen sich mitunter in Netzen oder an Leimruten. Greifvögel, Krähen und viele andere Arten wurden aber meist vom Versteck aus abgeschossen. Bei dieser sogenannten „Hüttenjagd" kamen verschiedene Eulenarten zum Einsatz, je nachdem, auf welche Beute man es abgesehen hatte. Steinkäuze zum Beispiel lockten Drosseln und andere kleinere Singvögel an, Waldkäuze zusätzlich auch Krähen und deren Verwandtschaft. Der mit Abstand häufigste Jagdgefährte aber war der Uhu, mit dem sich Greif- und Krähenvögel erlegen ließen.

Die Beliebtheit der Uhus in Jägerkreisen hatte für die Tiere allerdings schlimme Folgen. Zahllose Jungvögel wurden aus ihren Nestern geholt und in Gefangenschaft aufgezogen – lange überlebten sie das oft nicht. So hat die noch bis ins 20. Jahrhundert hinein praktizierte Hüttenjagd dazu geführt, dass die Uhu-Bestände in manchen Regionen stark schrumpften. Inzwischen ist die Jagd mit lebenden Eulen in Deutschland allerdings verboten, nur künstliche Attrappen kommen manchmal noch als Lockvögel bei der Jagd auf Rabenkrähen, Elstern oder Eichelhäher zum Einsatz.

Selbst in den Hochzeiten der Hüttenjagd sah allerdings längst nicht jeder Waidmann die Nachtvögel als Verbündete. Viel häufiger war der Konkurrenzgedanke: Eulen galten noch bis ins 20. Jahrhundert als schädliches „Raubzeug", das den Grünröcken interessante Beute wie Fasane, Feldhasen oder sogar Rehe streitig machte. Diese unliebsamen Konkurrenten galt es aus dem Verkehr zu ziehen, vor allem der Uhu wurde abgeschossen, wo immer man ihrer habhaft werden konnte. Vielerorts hatten die Behörden eigens ein „Kopfgeld" für jeden erlegten Vogel ausgesetzt. Auch das hat dazu beigetragen, dass der Uhu schon in den 1930er-Jahren in großen Teilen Mittel- und Westeuropas fast komplett verschwunden war.

Neue Gefahren und ein neues Image

Inzwischen stehen Eulen in Deutschland und zahlreichen anderen Ländern unter Naturschutz, Gewehre müssen sie in vielen Regionen nicht mehr fürchten. Dafür lauern nun neue Gefahren auf die nächtlichen Jäger. So hat eine Untersuchung der „Gesellschaft zur Erhaltung der Eulen" ergeben, dass Stromschläge mittlerweile bei deutschen Uhus die Todesursache Nummer eins sind. Von mehr als 1667 toten Vögeln waren fast ein Drittel an Mittelspannungsleitungen oder den Oberleitungen von Bahntrassen ums Lebens gekommen. Auch der Straßen- und Bahnverkehr selbst wird vielen der mächtigen Eulen zum Verhängnis. Denn entlang von Straßen und Bahntrassen leben oft zahlreiche Nagetiere, die für Uhus ein gefundenes Fressen sind. Auch frisch überfahrene Tiere bieten eine scheinbar leichte Beute. Doch wer da beim Jagen oder Fressen nur für einen Moment nicht aufpasst, wird leicht selbst überfahren. Neben dem Verkehr kosten auch Stacheldrahtzäune und Windräder immer wieder Uhus das Leben.

Viele Eulenarten aber haben nicht nur mit solchen direkten Verlusten zu kämpfen, sondern auch mit der Zerstörung ihrer Lebensräume. Denn egal, ob eine Art nun im Wald oder in der offenen Kulturlandschaft lebt: Ein echtes Eulen-Paradies braucht normalerweise vor allem Abwechslung. Solche Mosaike aus Lichtungen und verschieden alten Waldbereichen oder aus Hecken, Baumgruppen, kleinen Wiesen und Feldern aber sind vielerorts selten geworden. Die intensive Landnutzung hat von der einstigen Vielfalt nur noch wenig übrig gelassen. Besonders kritisch ist oft der Mangel an alten Bäumen, die genügend Höhlen als Kinderstuben für die nächtlichen Jäger bieten. Viele Eulen-Enthusiasten aber versuchen inzwischen mit Erfolg, den Vögeln mit künstlichen Nisthilfen unter die Flügel zu greifen. Und neben den Tieren selbst stehen inzwischen auch viele ihrer Lebensräume unter Schutz.

Solche Erfolge waren nur möglich, weil sich das Image der Nachtvögel in den letzten Jahrzehnten gewandelt hat. In Deutschland zum Beispiel fürchtet kaum noch ein Jäger die geflügelte Konkurrenz der Uhus, viele sind begeistert, wenn sie ein so eindrucksvolles Tier in ihrem Revier haben. Und auch an die alten Geschichten von Todesvögeln und bedrohlichen Hexenbegleitern glaubt im Ernst wohl niemand mehr. Statt dämonischen Nachtgestalten mit Gänsehautfaktor sehen viele Menschen in Eulen heute vor allem eins: Interessante Vögel mit faszinierenden Fähigkeiten, deren Überleben auch in Zukunft gesichert werden sollte.

Die Rückkehrer

Das Schicksal des Uhus schien allerdings schon beinahe besiegelt zu sein. Noch Mitte des 20. Jahrhunderts hätte wohl niemand vermutet, dass die imposante Eule in Deutschland noch eine Zukunft haben würde. Zwar hatten die Behörden die Art schon 1934 unter Schutz gestellt, Abschüsse und das Ausräumen von Nestern waren damit verboten. Doch die Maßnahme kam eigentlich zu spät. Der Uhu-Schwund war in den 1930er-Jahren schon so weit fortgeschritten, dass es im damaligen Deutschen Reich insgesamt keine 100 Brutpaare mehr gab. Die Bestände waren damit zu klein, um sich aus eigener Kraft wieder zu erholen. Jedes Jahr starben mehr Uhus, als aus den Eiern schlüpften. Also schrumpften die Vorkommen weiter.

In den 1960er-Jahren brüteten deutschlandweit nur noch 40 bis 50 Paare der großen Nachtjäger. Dann aber schlossen sich Ornithologen und Eulenfans zu einer „Aktion zur Wiedereinbürgerung des Uhus" zusammen. Für ihr ehrgeiziges Vorhaben rekrutierten die Mitarbeiter vor allem die Nachkommen von arbeitslos gewordenen Hütten-Uhus. Die ehemaligen Jagdgehilfen waren mittlerweile oft in Zoos gelandet und sorgten dort Jahr für Jahr fleißig für Nachwuchs. Geduldig bereiteten die Uhu-Schützer solche im Zoo geschlüpften Vögel auf ein Leben in Freiheit vor oder schoben sie wild lebenden Adoptiveltern ins Nest. Zwischen 1974 und 1994 wurden insgesamt fast 3000 Uhus freigelassen. „Auswilderungen sind nicht immer unproblematisch", sagt der Ornithologe Markus Nipkow vom Naturschutzbund Deutschland (NABU). Schließlich wissen in Gefangenschaft geborene Tiere trotz aller Vorbereitung oft nicht so recht, wie man in der Wildnis Futter beschafft oder Feinden ausweicht. „Die Uhus aber haben diese Probleme erstaunlich gut gemeistert", freut sich Nipkow. Inzwischen haben sich die Bestände so gut erholt, dass keine weiteren Vögel mehr ausgewildert werden müssen. Um die 1000 Brutpaare soll es bundesweit inzwischen wieder geben, etwa 100 davon leben allein in der Eifel.

Das Leben der geflügelten Jäger in Deutschland ist noch immer nicht ganz ungefährlich. Zwar müssen zumindest die gefährlichen Mittelspannungsleitungen bis zum Jahr 2012 vogelfreundlich umgerüstet werden, etliche Stromkonzerne haben schon mit solchen Maßnahmen begonnen. Das Leben wird damit nicht nur für den Uhu, sondern auch für andere große Vogelarten ein Stück sicherer werden. Doch die Oberleitungen von Bahntrassen und der Straßenverkehr werden wohl auch künftig etlichen Uhus das Leben kosten. Manche Paare können zudem ihren Nachwuchs nicht in Ruhe groß ziehen, weil Freizeitkletterer ausgerechnet auf ihre Brutfelsen kraxeln. „Es bleibt also durchaus noch einiges für den Uhu zu tun", resümiert NABU-Experte Markus Nipkow. Insgesamt aber hält er die Rettung der größten Eule der Welt für eine der eindrucksvollsten Erfolgsgeschichten des Naturschutzes.